"十二五"职业教育国家规划教材
经全国职业教育教材审定委员会审定
高职高专机电一体化专业规划教材

工业机器人与机械手

滕宏春　主　编
邹华东　张惊雷　钱军　副主编

电子工业出版社

Publishing House of Electronics Industry

北京·BEIJING

内 容 简 介

按照机电一体化专业高素质应用型人才培养体系的设计,"工业机器人与机械手"是在学生已修完"机械设计"、"液压与气压传动"、"PLC 控制技术"、"电机驱动与伺服控制"等核心课程后,结合岗位能力要求,按照企业对工业机器人与机械手结构设计、系统安装与维护、工业机器人操作等岗位需求,完成工业机器人与机械手的认知、结构设计、系统部件选型、操作与维护等任务。

全书分 7 个项目,项目一认识发展中的工业机器人,项目二机械手机构设计,项目三工业机器人的位姿及驱动力计算,项目四工业机器人环境感觉技术应用,项目五搬运竞赛机器人应用,项目六 MOTOMAN 工业机器人应用,项目七工业机器人关节机构与驱动控制,项目八工业机器人与智能视觉系统应用学会训练。

本书内容取材新颖,注重实用型、针对性。在组织结构安排上,既体现知识的系统性,又注重项目化教学方法的运用和实施,全书贯穿着"工学结合"人才培养模式的改革理念。

本书可以作为高职高专机电一体化专业、机械制造及自动化专业教材,也可作为工程技术人员的参考书。

未经许可,不得以任何方式复制或抄袭本书之部分或全部内容。
版权所有,侵权必究。

图书在版编目(CIP)数据

工业机器人与机械手 / 滕宏春主编. —北京:电子工业出版社,2015.2
ISBN 978-7-121-25155-9

Ⅰ. ①工… Ⅱ. ①滕… Ⅲ. ①工业机器人—高等学校—教材②机械手—高等学校—教材 Ⅳ. ①TP242.2 ②TP241

中国版本图书馆 CIP 数据核字(2014)第 295867 号

策划编辑:朱怀永
责任编辑:朱怀永

印　　刷:北京七彩京通数码快印有限公司
装　　订:北京七彩京通数码快印有限公司
出版发行:电子工业出版社
　　　　　北京市海淀区万寿路 173 信箱　邮编 100036
开　　本:787×1 092　1/16　印张:14.5　字数:370 千字
版　　次:2015 年 2 月第 1 版
印　　次:2021 年 11 月第 11 次印刷
定　　价:32.00 元

凡所购买电子工业出版社图书有缺损问题,请向购买书店调换。若书店售缺,请与本社发行部联系,联系及邮购电话:(010)88254888。

质量投诉请发邮件至 zlts@phei.com.cn,盗版侵权举报请发邮件至 dbqq@phei.com.cn。
服务热线:(010)88258888。

编审编委会

组　长

钟　健

副组长

滕宏春　徐　兵　向晓汉　刘　哲　曹　菁

委　员

胡继胜	冯　宁	冰　妍	张惊雷	莫名韶	畅建辉
李　颖	吴　海	丁晓玲	李方园	高　健	黄志昌
王文斌	陈　伟	马金平	张　静	张君艳	邓玲黎
林　伟	吴逸群	杨　芸	杨春生	程立章	麦艳红
聊雄燕	李湘伟	仲照东	汪建武	张　超	

丛书序言

　　2006年国家先后颁布了一系列加快振兴装备制造业的文件，明确指出必须加快产业结构调整，推动产业优化升级，加强技术创新，促进装备制造业持续稳定发展，为经济平稳较快发展做出贡献，使我们国家能够从世界制造大国成长为世界制造强国、创造强国。党的十八大又一次强调坚持走中国特色新型工业化、信息化道路，推动信息化和工业化深度融合，推动战略性新兴产业、先进制造业健康发展，加快传统产业转型升级。随着科技水平的迅猛发展，机电一体化技术的广泛应用大幅度地提高了产品的性能和质量，提高了制造技术水平，实现了生产方式的自动化、柔性化、集成化，增强了企业的竞争力，因此，机电一体化技术已经成为全面提升装备制造业、加快传统产业转型升级的重要抓手之一，机电一体化已是当今工业技术和产品发展的主要趋向，也是我国工业发展的必由之路。

　　随着国家对装备制造业的高度重视和巨大的传统产业技术升级需求，对机电一体化技术人才的需求将更加迫切，培养机电一体化高端技能型人才成为国家装备制造业有效高速发展的必要保障。但是，相关部门的调查现实，机电一体化技术专业面临着两种矛盾的局面：一方面社会需求量巨大而迫切，另外一方面职业院校培养的人才失业人数不断增大。这一现象说明，我们传统的机电一体化人才培养模式已经远远不能满足企业和社会需求，现实呼吁要加大力度对机电一体化技术专业人才培养能力结构和专业教学标准的研究，特别是要进一步探讨培养"高端技能型人才"的机电一体化技术人才职业教育模式，需要不断探索完善机电一体化技术专业建设、教学建设和教材建设。

　　正式基于以上的现状和实际需求，电子工业出版社在广泛调研的基础上，2012年确立了"高职高专机电一体化专业工学结合课程改革研究"的课题，统一规划，系统设计，联合一批优秀的高职高专院校共同研究高职机电一体化专业的课程改革指导方案和教材建设工作。寄希望通过院校的交流，以及专业标准、教材及教学资源建设，促进国内高职高专机电一体化专业的快速发展，探索出培养"高端技能型人才"机电一体化技术人才的职业教育模式，提升人才培养的质量和水平。

　　该课题的成果包括《工学结合模式下的高职高专机电一体化专业建设指导方案》和专业课程系列教材。系列教材突破传统教材编写模式和体例，将专业性、职业性和学生学习指南以及学生职业生涯发展紧密结合。具有以下特点：

　　1. 统一规划、系统设计。在电子工业出版社统一协调下，由深圳职业技术学院等二十余所高职高专示范院校共同研讨构建了高职高专机电一体化专业课程体系框架及课程标准，较好地解决了课程之间的序化和课程知识点分配问题，保证了教材编写的系统性和内在关联性。

　　2. 普适性与个性结合。教材内容选取在统一要求的课程体系和课程标准框架下考虑，特别是要突出机电一体化行业共性的知识,主要章节要具有普适性,满足当前行业企业的主要能力需求,对于具有区域特性的内容和知识可以作为拓展章节编写。

3. 强调教学过程与工作过程的紧密结合,突破传统学科体系教材的编写模式。专业课程教材采取基于工作过程的项目化教学模式和体例编写,教学项目的教学设计要突出职业性,突出将学习情境转化为生产情境,突出以学生为主体的自主学习。

4. 资源丰富,方便教学。在教材出版的同时为教师提供教学资源库,主要内容为:教学课件、习题答案、趣味阅读、课程标准、教学视频等,以便于教师教学参考。

为保证教材的产业特色、体现行业发展要求、对接职业标准和岗位要求、保证教材编写质量,本系列教材从宏观设计开发方案到微观研讨和确定具体教学项目(工作任务),都倾注了职业教育研究专家、职业院校领导和一线教学教师、企业技术专家和电子工业出版社各位编辑的心血,是高等职业教育教材为适应学科教育到职业教育、学科体系到能力体系两个转变进行的有益尝试。

本系列教材适用于高等职业院校、高等专科学校、成人高校及本科院校的二级职业技术学院机电一体化专业使用,也可作为上述院校电气自动化、机电设备等专业的教学用书。

本系列教材难免有不足之处,请各位专家、老师和广大读者不吝指正,希望本系列教材的出版能为我国高职高专机电类专业教育事业的发展和人才培养做出贡献。

"高职高专机电一体化专业工学结合课程改革研究"课题组
2013 年 6 月

前　言

工业机器人与机械手是机电一体化技术的最高成就,是智能装备技术的代表。在当前全球范围以装备制造业为核心的相关产业的战略转型期,工业机器人技术及产业迎来快速发展的机遇,但现阶段我们仍面临工业机器人研发、应用与维护等人才数量同市场严重不协调的现象,亟待改变。

针对工业机器人方向,高等职业教育院校肩负着培养掌握简单机器人系统设计方法、具有工业机器人和机械手安装、调试、系统程序设计能力,掌握工业机器人生产线操作技能及加工综合能力的高技能人才的历史使命。

依据十二五《高等职业学校专业教学标准(试行)》中"机电一体化专业标准"对人才培养的要求,秉承整合资源、引领教学模式改革、为核心课程"工业机器人和机械手"提供完整的教学项目和学习资源的目标,并按以下思路及特点编写了本书。

1. 基于工作过程系统化教学设计的基础上,伴随着机电一体化专业教学资源库建设,紧紧跟踪并吸收工业机器人技术及高职教育发展的最新成果,凝练内容,贴近企业自动生产线、装配线等对人才综合能力的要求,开发系列化的教学项目。形式上,围绕工学结合、学做合一教学模式改革的思路,不断适应"学中做,做中学"的教学模式改革。

2. 基于工作过程系统化设计思想,梳理知识点和技能点,课程的内容以项目引领、任务驱动为纵向贯通的主线,明确课程教学总体目标、项目的教学目标、任务(教学单元)的具体知识、能力目标,清晰、可测地建立了能有效实现目标的教学形态(包括教学模式、教学方法、考核评价体系)。

3. 针对机电一体化技术对人才需求质量的不断提高的要求,对教材项目载体进一步凝练和升级,校企共同开发,组织企业和教育专家、骨干教师共同研讨对来源于企业的项目进行教学化设计,以项目实施贯穿始终,支撑项目化教学模式改革。体例形式按一级和二级能力目标分章和节,一级为项目,对应工作岗位的实际任务,每个项目的知识目标、能力目标清晰,明确了项目要求,以便于实施项目化教学。二级是任务,对应基本知识、基本技能目标学习和训练,解决的是职业迁移能力的基本素质要求,知识学习中嵌入大量的案例,图文并茂、通俗易懂。以一级目标为单位,按照二级目标进行教学实施,并进行知识、能力的测评,配齐完整的教学资源和测试系统,并开发出网上考试系统,以实现知识、能力评价的统一性、可持续性。

全书分八个项目,项目一认识发展中的工业机器人,项目二机械手机构设计,项目三工业机器人的位姿及驱动力计算,项目四工业机器人环境感觉技术应用,项目五搬运竞赛机器人应用,项目六 MOTOMAN 工业机器人应用,项目七工业机器人关节机构与驱动控制,项目八工业机器人与智能视觉系统应用综合训练。

本书由滕宏春教授主编,并编写项目一、项目二、项目三、项目四,邹华东编写项目五,张惊雷编写项目六,钱军编写项目八,滕冰妍参加了项目四的编写和书稿整理工作。

编　者

2014 年 2 月

目　　录

项目一　认识发展中的工业机器人 ………………………………………………… 1

　　任务一　认识工业机器人的应用现状 ……………………………………………… 2
　　任务二　了解工业机器人组成及分类 ……………………………………………… 8
　　习题一 ……………………………………………………………………………… 13

项目二　机械手机构设计 …………………………………………………………… 14

　　任务一　机械手结构认知与运用 ………………………………………………… 14
　　任务二　机械手驱动力计算 ……………………………………………………… 25
　　任务三　手臂驱动力计算 ………………………………………………………… 28
　　习题二 ……………………………………………………………………………… 32

项目三　工业机器人的位姿及驱动力计算 ………………………………………… 33

　　任务一　工业机器人运动学的学习 ……………………………………………… 33
　　任务二　工业机器人动力学学习 ………………………………………………… 51

项目四　工业机器人环境感觉技术应用 …………………………………………… 60

　　任务一　工业机器人视觉的应用 ………………………………………………… 62
　　任务二　机器人的接近觉传感器应用 …………………………………………… 68
　　任务三　机器人的触觉和压觉传感器 …………………………………………… 72
　　任务四　位置及位移传感器应用 ………………………………………………… 84
　　习题四 ……………………………………………………………………………… 87

项目五　搬运竞赛机器人应用 ……………………………………………………… 88

　　任务一　红外避障传感器 ………………………………………………………… 88
　　任务二　TMS230 颜色检测传感器的基本原理及测试 ………………………… 95
　　任务三　TCS230 颜色传感器颜色检测应用 …………………………………… 97
　　任务四　超声波传感器工作原理及其测试 ……………………………………… 104
　　任务五　超声波测距应用 ………………………………………………………… 106
　　任务六　直流电机及驱动 ………………………………………………………… 107
　　任务七　步进电机基本工作原理及驱动电路 …………………………………… 109

任务八　单片机控制步进电机 ……………………………………………………… 110
　　任务九　舵机的基本工作原理及控制信号要求 ………………………………… 112
　　任务十　舵机的单片机控制应用 ………………………………………………… 114

项目六　MOTOMAN 工业机器人应用 …………………………………………………… 120
　　任务一　MOTOMAN 工业机器人操作 …………………………………………… 120
　　任务二　搬运 ……………………………………………………………………… 126
　　任务三　弧焊 ……………………………………………………………………… 131

项目七　工业机器人关节机构与驱动控制 ……………………………………………… 137
　　任务一　关节驱动器选型 ………………………………………………………… 137
　　任务二　伺服电机选择 …………………………………………………………… 142
　　任务三　工业机器人关节伺服控制 ……………………………………………… 149
　　习题七 ……………………………………………………………………………… 155

项目八　工业机器人与智能视觉系统应用综合训练 …………………………………… 156
　　任务一　工业机器人设备安装 …………………………………………………… 156
　　任务三　工业机器人设置与编程调试 …………………………………………… 161
　　任务三　智能视觉系统调试 ……………………………………………………… 203
　　任务四　工业机器人与智能视觉系统自动生产线整体运行调试 ……………… 216

参考文献 …………………………………………………………………………………… 221

项目一 认识发展中的工业机器人

教学导航

教	知识重点	工业机器人基本组成
	知识难点	各类工业机器人结构特点
	推荐教学方式	视频演示与理论教学相结合
	建议学时	4~6 学时
学	推荐学习方法	学做合一
	必须掌握的理论知识	工业机器人技术特点
做	必须掌握的技能	工业机器人的应用

"机器人"在英文对应为 Robot。早在 1920 年捷克剧作家卡雷尔·查培克（Karel Capek）在他的幻想剧本《罗莎姆万能机器人》中，第一次提出"Robota"这一专用名词。现代英语中"Robot"一词就是从"Robota"衍生而来。

20 世纪中期，随着计算机技术、自动化技术和原子能技术的发展，现代机器人开始得到研究和发展。工业机器人是工业生产中使用的机器人。

在工业机器人出现之前，有一种操作机，其机构通常是由一系列相互铰接或相对滑动的构件所组成，具有多自由度，用来抓取或移动物体，这种机械装置，已广泛用于工业生产中。

工业机器人是一种能自动控制、可重复编程、多功能、多关节的操作机。它可以是固定式或移动式的，用于工业自动化作业中。

工业机器人与其他专用自动机的主要区别在于，专用自动机是适应于大量生产的专用自动化设备，而工业机器人是一种能适应产品种类变更，具有多自由度动作功能的柔性自动化设备。

1959 年，美国乔治·德沃尔首次设计出第一台电子可编程的工业机器人，并于 1961 年发表了该项专利。1962 年美国万能自动化（Unimation）公司的第一台机器人 Unimate 在美国通用汽车公司投入使用，标志着第一代机器人的诞生。从此，机器人开始成为人类生活中的现实。1967 年日本从美国引进第一台工业机器人之后，工业机器人在日本得到迅速的发展。目前，在日本使用的工业机器人约占世界各国使用机器人总台数的 60%，已成为世界上工业机器人产量和拥有量最多的国家。

20 世纪 80 年代开始，世界上生产技术已从大量生产自动化时代进入小批量多品种生产自动化时代,即 FMS 时代、FA 时代。工业机器人在这个新时代中,起着十分重要的作用。此外,机器人在各种危险、恶劣环境下作业方面,也有广阔的应用前景。

第一代机器人一般是指目前工业上大量应用的可编程机器人,它在世界工业发达国家中已被广泛应用于各行业中。随着机器人技术的发展,1982 年美国通用汽车公司在装配线上为机器人装备了视觉系统,从而宣告了新一代感知机器人的问世。第三代机器人不仅具有感知功能,而且还具有一定决策及规划能力,即所谓的自治式机器人。

任务一 认识工业机器人的应用现状

工业机器人是机器人的一种,它由操作机(机械本体)、控制器、伺服驱动系统和检测传感装置构成,是一种仿人操作、自动控制、可重复编程、能在三维空间完成各种作业的机电一体化的自动化生产设备,特别适合于多品种、变批量的柔性生产。它对稳定和提高产品质量、提高生产效率、改善劳动条件和产品的快速更新换代起着十分重要的作用。

一、工业机器人的应用

工业机器人最早应用于汽车制造工业,常用于焊接、喷漆、上下料和搬运。工业机器人延伸和扩大了人的手足和大脑功能,它可以代替人从事危险、有害、有毒、低温和高热等恶劣环境中的工作;代替人完成繁重、单调的重复劳动,提高了劳动生产率,保证产品质量。工业机器人与数控加工中心、自动搬运小车以及自动检测系统可组成柔性制造系统(FMS)和计算机集成制造系统(CIMS),实现生产自动化。

1. 恶劣工作环境及危险工作

(1) 核电站蒸汽发生器检测机器人

核工业领域的作业是一种有害于健康,并危及生命或不安全因素很大而不宜于人去操作的作业,用工业机器人去操作是最适宜的。如图 1-1 所示的核电站蒸汽发生器检测机器人,可在有核污染的并危及生命的环境下代替人进行作业。成折叠收缩状态的机器人沿入

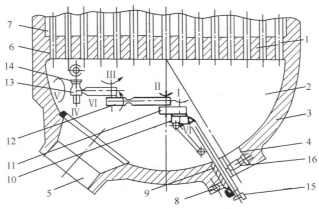

图 1-1 核电站蒸汽发生器检测机器人

1—管板;2—隔板;3—球面;4—入孔;5—主管道;6—循环管;7—水室;8—机座;9—支撑臂;
10—平台;11—连接臂;12—中间臂;13—上臂;14—摄像机;15—手轮;16—压紧器

孔 4 的轴线方向进入，利用压紧器 16 顶紧，在计算机的控制下各臂依次张开，使前端摄像机 14 到达预定的观察点。

（2）爬壁机器人

爬壁机器人又称为壁面移动机器人，可以在垂直墙壁上攀爬并完成作业的自动化机器人。爬壁机器人必须具备吸附和移动两个基本功能，而常见吸附方式有负压吸附和永磁吸附两种。其中负压方式可以通过吸盘内产生负压而吸附于壁面上，不受壁面材料的限制，如图 1-2 所示；永磁吸附方式则有永磁体和电磁铁两种方式，只适用于吸附导磁性壁面。爬壁机器人主要用于石化企业对圆柱形大罐进行探伤检查或喷漆处理，或进行建筑物的清洁和喷涂，如图 1-3 所示。

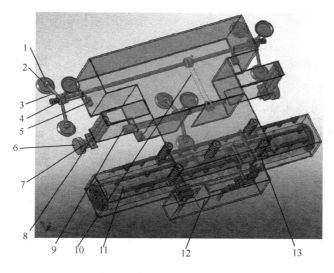

图 1-2　爬壁机器人本体结构

1—自适应式多腔真空吸盘；2—球铰；3—轮腿机构；4—负压同步分配器；5—真空发生器；
6—车轮；7—车轮驱动电机；8—汽缸；9—轮腿驱动电机；10—传动链；11—清洗装置；
12—污水回收净化循环利用机构；13—弹性连接机构

（3）机器人在压铸车间应用

压铸车间操作工人在高温、粉尘、重体力环境下生产，条件恶劣，需要工业机器人代替人来完成浇注、上下料等工作，如图 1-4 所示。

2. 自动化生产领域

早期的工业机器人在生产上主要用于机床上下料、点焊和喷漆。随着柔性自动化的出现，机器人在自动化生产领域扮演了更重要的角色。

（1）焊接机器人

焊接机器人是从事焊接（包括切割与喷涂）的工业机器人。

图 1-3　爬壁机器人示例

图 1-4 压铸车间机器人

随着汽车工业的发展,焊接生产线要求焊钳一体化,重量越来越大,工业机器人具有性能稳定、工作空间大、运动速度快和负荷能力强等特点,且焊接质量明显优于人工焊接,大大提高了点焊作业的生产率。

焊接机器人有如下优点:

① 稳定和提高焊接质量;

② 提高劳动生产率;

③ 改善工人劳动强度,可在有害环境下工作;

④ 降低了对工人操作技术的要求;

⑤ 缩短了产品改型换代的准备周期,减少了相应的设备投资。

现代汽车制造厂已经广泛应用焊接机器人进行车身结构的焊接、承重大梁焊接,如图1-5 所示和如图 1-6 所示。弧焊机器人需要六个自由度,三个自由度用来控制焊具跟随焊缝的空间轨迹,另三个自由度保持焊具与工件表面有正确的姿态关系,这样才能保证良好的焊接质量,如图 1-7 所示。

图 1-5 汽车车身结构焊接　　　　　图 1-6 汽车大梁焊接

(2) 材料搬运机器人

材料搬运机器人可用来上下料、码垛、卸货以及抓取零件定向等作业。一个简单抓放作业机器人只需较少的自由度;一个给零件定向作业的机器人要求有更多的自由度,以增加其灵活性。码垛机器人、抓取零件定向机器人、送料机器人分别如图 1-8、图 1-9、图 1-10 所示。

项目一　认识发展中的工业机器人

图 1-7　弧焊机器人

图 1-8　码垛机器人

图 1-9　抓取零件定向机器人

图 1-10　送料机器人

（3）检测机器人

零件制造过程中检测以及成品检测都是保证产品质量的关键工序。检测主要有两个工作内容，一个是确认零件尺寸是否在允许的公差内，如图 1-11 所示；另一个是控制零件按质量分类，如图 1-12 所示。

图 1-11　零件尺寸检测机器人

图 1-12　零件质量分类机器人

（4）装配机器人

装配是一个比较复杂的作业过程，不仅要检测装配过程中的误差，而且要试图纠正这种误差。装配机器人是柔性自动化装配系统的核心设备,由机器人操作机、控制器、末端执行器和传感系统组成,而且应用许多种传感器,如接触传感器、视觉传感器、接近传感器和听觉传感器等。装配机器人如图1-13所示,并联机构装配机器人如图1-14所示。

图1-13 装配机器人

图1-14 并联机构装配机器人

(5)喷漆机器人

喷漆机器人主要由机器人本体、计算机和相应的控制系统组成,液压驱动的喷漆机器人还包括液压油源,如油泵、油箱和电机等。多采用5或6自由度关节式结构,手臂有较大的运动空间,并可做复杂的轨迹运动,其腕部一般有2~3个自由度,可灵活运动。较先进的喷漆机器人腕部采用柔性手腕,既可向各个方向弯曲,又可转动,其动作类似人的手腕,能方便地通过较小的孔伸入工件内部,喷涂其内表面。喷漆机器人一般采用液压驱动,具有动作速度快、防爆性能好等特点,可通过手把手示教或点位示数来实现示教。喷漆机器人广泛用于汽车、仪表、电器、搪瓷等工艺生产部门,如图1-15所示。

图1-15 喷漆机器人

二、工业机器人发展趋势

机器人产业是未来一段时间国内成长性最快的行业,作为国家新兴战略产业之一,机器人技术体现着国家科技的综合实力。

2010—2013年间,我国工业机器人的销量分别为3.35万台、4.18万台和5.24万台;而保有量依次为12.1万台、16.28万台和21.2万台。结合新增需求和存量需求,未来3年工业机器人总需求预计为19.41万套、23.97万套和30万套。

由于机器人技术是一种综合性高的技术,它涉及多种相关技术及学科,如机构学、控制工程、计算机、人工智能、微电子学、传感技术、材料科学以及仿生学等科学技术。因此机器人技术的发展,一方面带动了相关技术及学科的发展,另一方面也取决于这些相关技术和学科的发展进程。近年来,随着计算机技术、微电子技术、网络技术等的快速发展,工业机器人技术也得到了快速发展。目前,工业机器人技术的发展趋势主要表现在以下几个方面。

1. 机器人操作机

负载/自重比大、高速高精度的机器人操作机一直是机器人设计者追求的目标,通过有限元模拟分析及仿真设计等现代设计方法的运用,机器人操作机已实现了优化设计。以德国KUKA公司为代表的机器人公司,已将机器人并联平行四边形结构改为开链结构,拓展了机器人的工作范围。加之轻质铝合金材料的应用,大大提高了机器人性能。此外采用先进的Rv减速器及交流伺服电机,使机器人操作机几乎成为免维护系统。

2. 并联机器人

采用并联机构,利用机器人技术,实现高精度测量及加工,这是机器人技术向数控技术的拓展,为将来实现机器人和数控技术的一体化奠定了基础。意大利COMAU、日本FANUC等公司已开发出了此类产品。

3. 控制系统

控制系统的性能进一步提高,已由过去控制标准的6轴机器人发展到现在能够控制21轴甚至27轴的机器人,以实现多机器人系统及周边设备的协调运动,并且实现了软件伺服和全数字控制。在该领域,日本YASKAWA和德国KUKA公司处于领先地位。在人机界面方面,采用大屏幕及菜单方式,更易于操作,基于图形操作的界面也已问世。编程方式仍以示教编程为主,但在某些领域的离线编程已实现实用化。

4. 传感系统

激光传感器、视觉传感器和力传感器在工业机器人系统中已得到广泛应用,并实现了利用激光传感器和视觉传感器进行焊缝自动跟踪以及自动化生产线上物体的自动定位,利用视觉系统和力觉系统进行精密装配作业等,大大提高了机器人的作业性能和对环境的适应性。日本FANUC、瑞典ABB、德国KUKA、REIS等公司皆推出了此类产品。

5. 网络通信功能

日本YASKAWA和德国KUKA公司的最新机器人控制器已实现了与Canbus、Profibus总线及一些网络的连接,使机器人由过去的独立应用向网络化应用迈进了一大步,也使机器人由过去的专用设备向标准化设备发展。

6. 可靠性

由于微电子技术的快速发展和大规模集成电路的应用，使机器人系统的可靠性大大提高。

任务二　了解工业机器人组成及分类

一、工业机器人的基本组成

人们制造机器人是为了让机器人代替人的工作，因此希望机器人具有人的劳动机能，即要求机器人能够代替人的劳动，人们就希望它有像人一样灵巧的双手、能行走的双脚，具有人类的感觉功能，具有理解人类语言、用语言表达的能力，具有思考、学习和决策的能力，但机器人外形不一定像人，甚至根本不像人。

工业机器人由三部分、六个子系统组成。

三部分是用于实现各种动作的机械部分、用于感知内部和外部信息的传感部分和控制机器人完成各种动作的控制部分。

六个子系统是提供机器人各部位和各关节原动力的驱动系统、完成各种动作的机械结构系统、由内部和外部传感组成的感受系统、实现机器人与外部联系和协调的机器人-环境交互系统、人-机交互系统和控制系统，如图1-16所示。

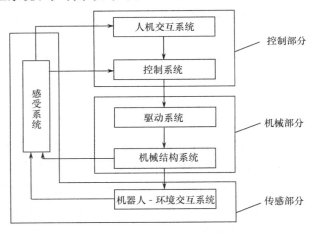

图1-16　机器人系统组成

1. 驱动系统

要使机器人运行起来，需给各个关节即每个运动自由度安置传动装置，这些传动装置组成驱动系统，相当于人体的肌肉，驱动关节旋转和摆动，可以是液压传动、气动传动、电动传动，或者把它们结合起来引用的综合系统，如图1-17所示；可以是直接驱动或者是通过同步带、链条、轮系、谐波齿轮等机械传动机构进行间接驱动。

2. 机械结构系统

工业机器人的机械结构系统由机身、手臂、末端执行器三大件组成，如图1-18所示。

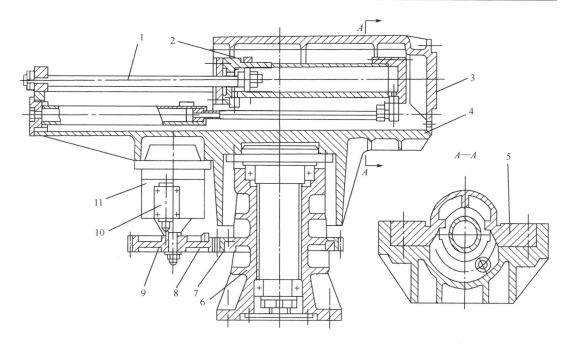

1—活塞杆；2—液压缸；3—手臂端部；4—手臂支架；5—导轨；6—中间基座；
7、9—齿轮；8—挡块；10—行程开关；11—摆动液压马达

图 1-17　液压驱动圆柱坐标机器人手臂

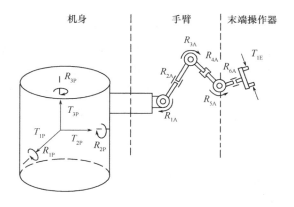

图 1-18　工业机器人的机械结构系统

3. 感受系统

测量回转关节位置的轴角编码器、控制速度的测速计都是机器人内部传感器，几乎所有机器人都有。视觉传感器是外部传感器，可为更高层次的机器人控制提高适应能力。

4. 机器人-环境交互系统

机器人-环境交互系统是实现机器人与外部环境中的设备相互联系和协调的系统。机器人与外部设备集成为一个功能单元，如加工制造单元、焊接单元、装配单元等。当然也可以是多台机器人集成为一个去执行复杂任务的功能单元。

5. 人-机交互系统

人-机交互系统是人与机器人进行联系和参与机器人控制的装置。例如,计算机的标准终端、指令控制台、信息显示板、危险信号报警器等。

6. 控制系统

控制系统用来控制工业机器人按规定要求动作,是机器人的关键和核心部分,它类似于人的大脑,控制着机器人的全部动作。机器人功能的强弱以及性能的优劣,主要取决于控制系统。机器人控制系统可分为开环控制系统和闭环控制系统。控制系统的任务是根据机器人的作业指令以及从传感器反馈回来的信号,支配机器人的执行机构去完成规定的运动和功能。如果机器人不具备信息反馈特征,则为开环控制系统;具备信息反馈特征,则为闭环控制系统。根据控制原理可分为程序控制系统、适应性控制系统和人工智能控制系统。

多数工业机器人采用计算机控制,一般分为决策级、策略级和执行级:决策级的功能是识别环境、建立模型,将作业任务分解为基本动作序列;策略级将基本动作变为关节坐标协调变化的规律,分配给各关节的伺服系统;执行级给出各关节伺服系统执行给定的指令。

在工业机器人飞速发展的同时,在非制造业领域对机器人技术应用的研究和开发也非常活跃,这被称为特种机器人技术。在研究和开发特种机器人的过程中,人们逐步认识到机器人技术是感知、决策、行动和交互四大技术的结合。随着人们对机器人技术智能化本质认识的加深,机器人技术正源源不断地向人类活动的各个领域渗透。结合这些领域的应用特点,人们发展了各种特种机器人和智能机器,如仿人机器人、仿生机器人、微机器人、医疗机器人、水下机器人、移动机器人、军用机器人、空间机器人、农林机器人等。它们从外观上看已经远远脱离了最初工业机器人的形状,其智能和功能也大大超出了工业机器人的范围,更加符合应用领域的特殊要求。传统的机器人是对人体的延伸,一般需要人来操作;而特种机器人和智能机器则是通过感知,由计算机推理进行响应和动作,是对人类智能的延伸。21世纪将是非制造业自动化技术快速发展的时期。机器人以及其他智能机器将在空间和海洋探索、农业及食品加工、采掘、建筑、医疗、服务、交通运输、军事等领域快速发展并实现产业化。

二、工业机器人的分类

工业机器人的分类方法很多,可以按其坐标形式、控制方法和功能等进行分类。

1. 按坐标形式分人类

(1) 直角坐标型机器人

直角坐标型机器人由独立沿 x,y,z 轴的自由度构成。其结构简单,精度高,坐标计算和控制也都极为简单,如图 1-19 所示。

(2) 圆柱坐标型机器人

圆柱坐标型机器人由一个回转和两个平移的自由度组合构成,如图 1-20 所示。

(3) 球坐标型机器人

球坐标型机器人由回转、旋转、平移的自由度组合构成。球坐标型机器人和极坐标型机器人由于具有中心回转自由度,所以它们都有较大的动作范围,其坐标计算也比较简单,如

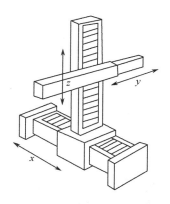 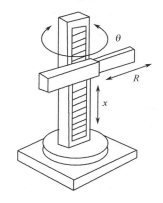

图 1-19 直角坐标型机器人　　　　图 1-20 圆柱坐标型机器人

图 1-21 所示。

（4）极坐标型机器人

极坐标型机器人由三个旋转自由度构成,如图 1-22 所示。

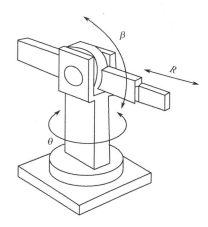 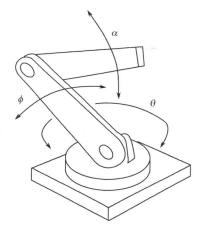

图 1-21 球坐标型机器人　　　　图 1-22 极坐标型机器人

（5）关节型机器人

关节型机器人主要由回转和旋转自由度构成。它可以看成是仿人手臂的结构,具有肘关节的连杆关节结构,从肘至手臂根部的部分称为上臂,从肘到手腕的部分称为前臂,如图 1-23 所示。这种结构,对于确定三维空间上的任意位置和姿态是最有效的,对于各种各样的作业都有良好的适应性,但其坐标计算和控制比较复杂,且难以达到高精度。

2. 按机器人的控制方法分类

（1）点位控制机器人

点位控制机器人指只能从一个持定点移动到另一个特定点,移动路径不限的机器人。这些特定点通常是一些机械定位点。这种机器人是一种最简单、最便宜的机器人。

（2）连续轨迹控制机器人

连续轨迹控制机器人 能够在运动轨迹的任意特定数量的点处停留,但不能在这些持定点之间沿某一确定的直线或曲线运动。机器人要经过的任何一点都必须储存在机器人的储存器中。

(3) 可控轨迹机器人

可控轨迹机器人又称为计算轨迹机器人，其控制系统能够根据要求，精确地计算出直线、圆弧、内插曲线和其他轨迹，在轨迹中的任何一点，机器人都可以达到较高的运动精度。其中有些机器人还能够用几何或代数的术语指定轨迹。只需输入所要求的起点坐标、终点坐标以及轨迹的名称，机器人就可以按指定的轨迹运行。

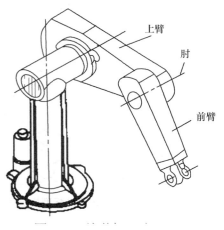

图 1-23 关节型机器人

(4) 伺服型与非伺服型机器人

伺服型机器人可以通过某些方式感知自己的运动位置，并把所感知的位置信息反馈回来控制机器人的运动；非伺服型机器人则无法确定自己是否已经到达指定的位置。

确定轨迹运动，用户只需指定某些点和计算轨迹必须使用的点集名称，如内插曲线、光滑曲线。

3. 按机器人的功能分类

(1) 顺序控制型机器人

顺序控制型机器人能够按预先设置的指令完成一系列特定的动作。这种机器人的动作顺序和时间可以进行调整，但一经调整完毕，它们就只能按确定的顺序动作，直至再次对它们做硬性调整为止。动作顺序的控制，既可采用机械的方式，也可采用电气的方式。

(2) 再现型机器人

再现型机器人又称为示教再现型机器人，通过"示教"来执行各种运动，并采用存储器等记录装置记录一系列来自位置传感器的运行轨迹坐标点信息。在对整个轨迹进行记录以后，机器人能够直接"再现"所记录的运动轨迹，并能够完成分配给它的任何任务。示教由操作员引导机器人走过所需要的轨迹，轨迹上的每个点和机器人所做的动作都要由操作员控制。

(3) 可控轨迹机器人

可控轨迹机器人可通过编程沿若干特定点之间的确定轨迹运动。这种机器人又称为数控机器人，因为它与数控机床较为类似。

(4) 自适应机器人

自适应机器人具有计算机控制能力和感觉反馈能力，能够反映周围环境的变化。这种机器人大多具有可控轨迹的能力，它会试着执行一项任务，在执行过程中不断修正自己的轨迹和动作。例如，一台自适应型焊接机器人能够跟踪焊接一条焊缝，并且允许这条焊缝轨迹与预定的轨迹有所不同。反馈功能可以利用计算机视觉系统来实现。

(5) 智能机器人

智能机器人不仅能够感知周围环境和修正已经设定的动作,而且具有知识库和周围环境的模型。这种机器人应该具有人工智能和专家系统,具有一整套感觉系统,具有大容量的信息存储器,并具有对周围环境建模的能力。

另外,人们还习惯于按照机器人的用途命名,包括点焊机器人、弧焊机器人、喷漆机器人、装配机器人和搬运机器人、上下料机器人、码垛机器人等。

习题一

1. 简述机器人通常由哪几部分构成?
2. 按坐标分类,有哪些类型机器人?
3. 焊接机器人有哪些特点?
4. 简述工业机器人的主要应用场合,以及这些场合的各自特点。

项目二　机械手机构设计

教学导航

教	知识重点	1. 末端执行器结构 2. 机械手腕结构 3. 机械手臂结构
	知识难点	机构手臂结构
	推荐教学方式	演示与理论教学相结合
	建议学时	10~16学时
学	推荐学习方法	学做合一
	必须掌握的理论知识	机构设计相关理论
做	必须掌握的技能	典型机构驱动力计算

工业机器人机械部分的设计是机器人设计的重要部分,其他系统的设计都有各自独立的要求,但都必须与机械系统相匹配,相辅相成,组成一个完整的机器人系统。

工业机器人的机械部分主要包括机座、手臂、手腕、末端执行器。

任务一　机械手结构认知与运用

一、末端执行器

夹钳式取料手由手指(手爪)和驱动机构、传动机构及连接与支撑元件组成,如图2-1所示。它通过手指的开、合动作实现对物体的夹持。

1. 手指

手指是直接与工件接触的部件。手部松开和夹紧工件,就是通过手指的张开与闭合来实现的。机器人的手部一般有两个手指,也有三个手指,其结构形式常取决于被夹持工件的形状和特性。

(1) 指端的形状

指端的形状通常有V型指和平面指两类。V型指一般用来夹持圆柱形工件,指端形状有固定V型、滚动V型、自定位式V型三种,分别如图2-2所示。

平面指为夹钳式指端,一般用于夹持方形工件、板形或细小棒料,如图2-3所示。

(2) 指面形式

根据工件形状、大小及其被夹持部位的材质、软硬、表面性质等不同,手指指面有以下几种形式。

项目二 机械手机构设计

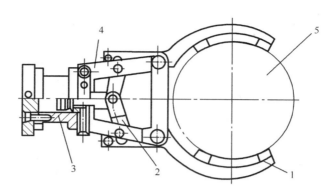

图 2-1 夹钳式手部的组成
1—手指；2—传动机构；3—驱动装置；4—支架；5—工件

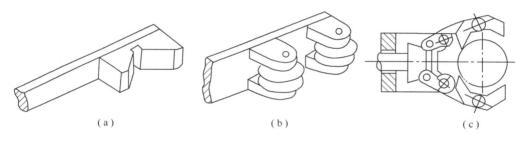

图 2-2 V型指端形状

① 光滑指面：指面平整光滑，用来夹持工件的已加工表面，避免损伤已加工表面。

② 齿形指面：指面刻有齿纹，可增加与被夹持工件间的摩擦力，以确保夹紧牢靠，多用来夹持表面粗糙的毛坯或半成品。

 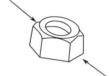

图 2-3 平面指

③ 柔性指面：指面镶衬橡胶、泡沫、石棉等物，有增加摩擦力、保护工件表面、隔热等作用，一般用于夹持已加工表面、炽热件，也适于夹持薄壁件和脆性工件。

2. 传动机构

传动机构是向手指传递运动和动力，以实现夹紧和松开动作的机构。该机构根据手指开合的动作特点分为回转型和平移型。回转型有分为一支点回转和多支点回转。根据手爪夹紧是摆动还是平动，有可分为摆动回转型和平动回转型。

(1) 回转型传动机构

夹钳式手部中较多的是回转型手部，其手指就是一对杠杆，一般再同斜楔（如图 2-4 所示）、滑槽（如图 2-5 所示）、连杆、齿轮、蜗轮蜗杆等机构组成复合式杠杆传动机构，用以改变传动比和运动方向等。

· 15 ·

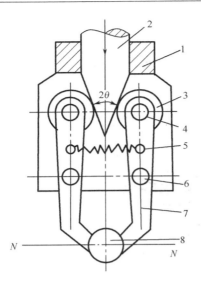
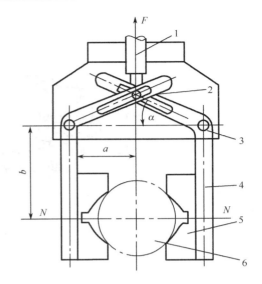

图 2-4 斜楔杠杆式手部
1—壳体;2—斜楔驱动杆;3—滚子;4—圆柱销;
5—拉簧;6—铰销;7—手指;8—工件

图 2-5 滑槽式杠杆回转型手部
1—驱动杆;2—圆柱销;3—铰销;
4—手指;5—V 型指;6—工件

（2）平移型传动机构

平移型夹钳式手部是通过手指的指面做直线往复运动或平面移动来实现张开或闭合动作的,如图 2-6 所示为直线平移型手部。

3. 驱动装置

驱动装置是向传动机构提供动力的装置。按驱动方式不同,该装置可分为液压、气动、电动和机械驱动,还有利用弹性元件的弹性力抓取物件而不需要驱动元件的,如图 2-7 所示。

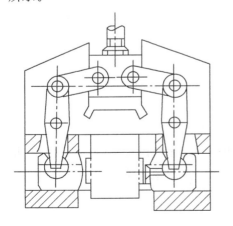

图 2-6 直线平移型手部   图 2-7 驱动装置

4. 气流负压吸附式取料手

气流负压吸附取料手如图 2-8 所示,它是利用流体力学的原理而工作的。当需要取物时,压缩空气高速流经喷嘴5,其出口处的气压低于吸盘腔内的气压,于是腔内的气体被高速气流带走而形成负压,完成取物动作,当需要释放时,切断压缩空气即可。这种取料手需要的压缩空气在工厂里较易取得,故成本较低。

5. 磁吸附式取料手

磁吸附式取料手是利用电磁铁通电后产生的电磁吸力取料,因此只能对铁磁物体起作用,但是对某些不允许有剩磁的零件禁止使用。所以,磁吸附式取料手的使用有一定的局限性。

电磁铁工作原理如图 2-9 所示,当线圈 1 通电后,在铁芯 2 内外产生磁场,磁力线穿过铁芯,空气隙和衔铁 3 被磁化并形成回路,衔铁受到电磁吸引力 F 的作用被牢牢吸住。

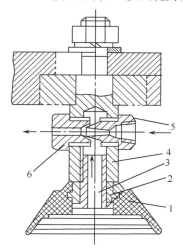

图 2-8 气流负压吸附取料手
1—橡胶吸盘;2—心套;3—透气螺钉;
4—支撑杆;5—喷嘴;6—喷嘴套

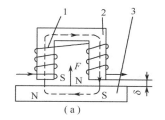 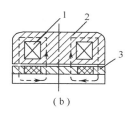

图 2-9 电磁铁工作原理
1—线圈;2—铁芯;3—衔铁

6. 仿生多指灵巧手

简单的夹钳式取料手不能适应物体外形变化,不能使物体表面承受比较均匀的夹持力,因此,无法满足对复杂形状、不同材质的物体实施夹持和操作。为了提高机器人手爪和手腕的操作能力、灵活性和快速反应能力,使机器人能像人手一样进行各种复杂的作业,如装配作业、维修作业、设备操作以及机器人模特的礼仪手势等,就必须有一个运动灵活、动作多样的灵巧手。

(1) 柔性手

为了能对不同外形物体实施抓取,并使物体表面受力比较均匀,首先研制出柔性手。多关节柔性手腕如图 2-10 所示。每个手指由多个关节串接而成。手指传动部分由牵引钢丝绳及摩擦滚轮组成。每个手指由 2 根钢丝绳牵引,一侧为握紧,另一侧为放松。驱动源可采用电机驱动或液压、气动元件驱动。柔性手腕可抓取凹凸外形物体并使其受力较为均匀。柔性材料做成的柔性手如图 2-11 所示。其一端固定,一端为自由的双管合一的柔性管状手爪。当一侧管内充气体或液体,而另一侧管内抽气或抽液时,形成压力差,柔性手爪就向抽空侧弯曲,此种柔性手适用于抓取轻型、圆形物体,如玻璃器皿等。

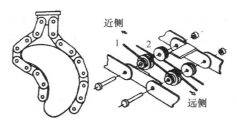
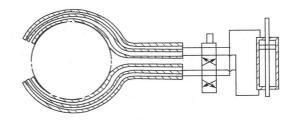

图 2-10　多关节手腕　　　　　　　　图 2-11　柔性手

(2) 多指灵巧手

机器人手爪和手腕最完美的形式是模仿人手指的多指灵巧手,如图 2-12 所示。多指灵巧手有多个手指,每个手指有 3 个回转关节,每一个回转关节的自由度都是独立控制的,如图图 2-13 所示为手指的自由度。因此,几乎人手指能完成的各种复杂动作,它都能模仿诸如拧螺钉、弹钢琴、做礼仪手势等动作。在局部配置触觉、力觉、视觉、温度传感器,将会使多指灵巧手的动能达到更完美的程度。多指灵巧手的应用前景十分广泛,可在各种极限环境下完成人无法实现的操作,如在核工业领域内应用,宇宙空间作业,在高温、高压、高真空环境下作业等。

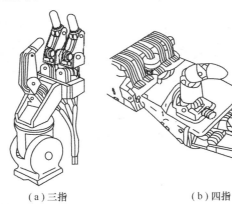

(a) 三指　　　　　(b) 四指

图 2-12　多指灵巧手　　　　　　　　图 2-13　手指的自由度

二、机器人手腕

机器人手腕是连接末端执行器和手臂的部件,它的作用是调整或改变工件的方位,因而它具有独立的自由度,以便机器人末端执行器适应复杂的动作要求。

手腕一般需要 3 个自由度才能使手部到达目标位置并处于期望的姿态,由 3 个回转关节组合而成。组合的方式多种多样,常用的如图 2-14 所示。

1. 手腕基本结构

机器人手腕仿真了人类手腕的结构,人类手腕是由两个旋转关节所组成,实现一定角度范围内的摆动,如图 2-15 所示。

单自由度手腕如图 2-16 所示,R 手腕是一种翻转关节,它把手臂纵轴线和手腕关节轴线构成共轴形式,旋转角度大,可达 360°以上,如图 2-16(a)所示;B 手腕是一种折曲关节,关

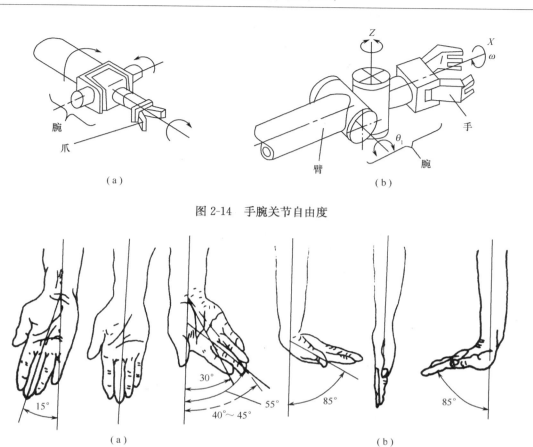

图 2-14 手腕关节自由度

图 2-15 人类手腕的两个 B 关节

节轴线与前后两个连接件的轴线相垂直,因受到手臂纵轴结构干涉,旋转角度小,大大限制了方向角,如图 2-16(b)和如图 2-16(c)所示;M 手腕是一种移动关节,如图 2-16(d)所示。

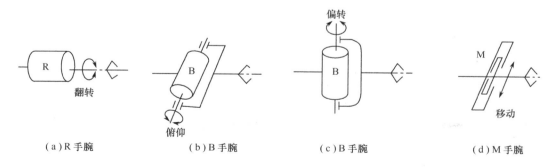

(a)R 手腕　　(b)B 手腕　　(c)B 手腕　　(d)M 手腕

图 2-16 单自由度手腕

　　二自由度手腕如图 2-17 所示,可以由一个 B 关节和一个 R 关节组成 BR 手腕,也可以由两个 B 关节组成 BB 手腕,人类手腕就是 BB 手腕,而两个 R 关节组成的 RR 关节实际上是一个 R 关节的单自由度。所以,二自由度手腕只有 BR 和 BB 两种结构。

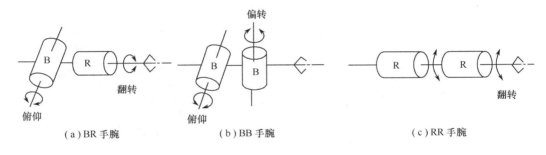

图 2-17 二自由度手腕

三自由度手腕如图 2-18 所示,可以由 B 关节和 R 关节组成许多种形式。BBR 手腕,实现俯仰、偏转、翻转运动,如图 2-18(a)所示;偏置的 BRR 手腕,两个 R 关节进行了偏置,实现三自由度的运动,如图 2-18(b)所示;RRR 手腕如图 2-18(b)和图 2-18(c)所示;BBB 手腕如图 2-18(d)所示。实际上,BBB 手腕已经退化为二自由度手腕。

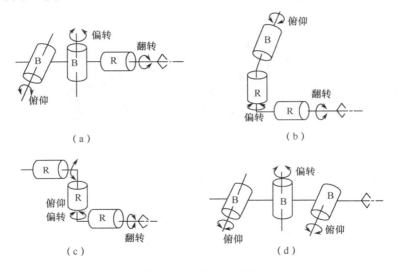

图 2-18 三自由度手腕

2. 手腕的典型结构

设计手腕时除了满足启动和传送过程中所需的输出力矩外,还要求手腕结构简单、紧凑轻巧、避免干涉、传动灵活。多数情况下,要求腕部结构的驱动部分安排在小臂上,使外形整齐,也可以设法使几个电动机的运动传递到同轴旋转的心轴和多层套筒上去,运动传入腕部后再分别实现各个动作。

(1) 单自由度手腕

如图 2-19 所示是单自由度手腕回转结构,定片 1 与后盖、回转缸体 6 和前盖 7 均用螺钉和销钉连接并定位,动片 2 与手部的夹紧缸体 4 用键连接,刚体 4 与指座 8 固连一体。当回转油缸的两腔分别输入压力油时,驱动片连同油缸缸体 4 和指座一起转动,即是手腕的回转运动。

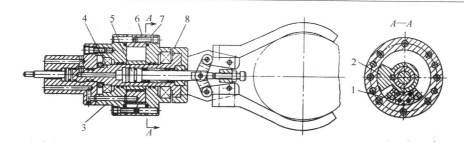

图 2-19 单自由度手腕回转结构

1—定片；2—动片；3—后盖；4—夹紧缸体；5—活塞杆；6—回转缸体；7—前盖；8—指座

(2) 二自由度手腕

如图 2-20 所示是双手悬挂式机器人实现手腕回转和左右摆动的结构图。V—V 剖面所表示的是油缸外壳转动而中心轴不动，以实现手腕的左右摆动；L—L 剖面所表示的是油缸外壳不动而中心轴转动，以实现手腕的回转运动。

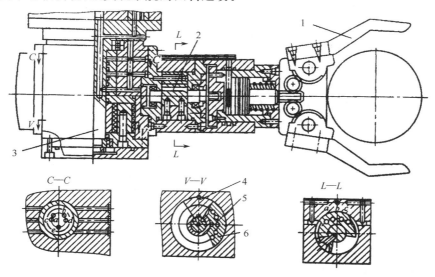

图 2-20 具有回转与摆动的二自由度手腕结构

1—手腕；2—中心轴；3—固定心轴；4—定片；5—摆动回转缸体；6—动片

(3) 柔性手腕结构

在用机器人进行的精密装配作业中，当被装配零件之间的配合精度相当高，但由于被装配零件的不一致性，工件的定位夹具、机器人手爪的定位精度无法满足装配要求时，会导致装配困难，因而就提出了装配动作的柔顺性要求。

柔顺性装配技术有两种：一种是从检测、控制的角度，采取各种不同的搜索方法，实现边校正边装配，有的手爪还配有检测元件如视觉传感器（见图 2-21）、力传感器等，这就是所谓的主动柔顺装配；另一种是从结构的角度在手腕部配置一个柔顺环节，以满足柔顺装配的需要。

具有水平移动和摆动浮动机构的柔顺手腕如图 2-22 所示。水平浮动机由平面、钢球和弹簧构成,实现两个方向上的浮动。摆动浮动机构由上、下球面和弹簧构成,实现两个方向的摆动。在装配作业中,如遇夹具定位不准或机器人手爪定位不准时可自行校正,其动作过程如图 2-23 所示。

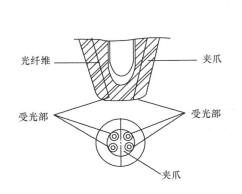

图 2-21　有检测元件的手爪

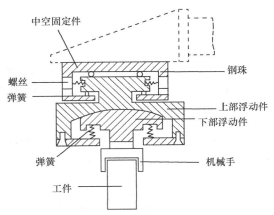

图 2-22　移动摆动手腕

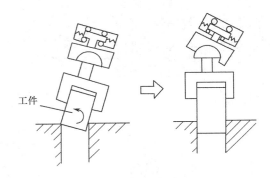

图 2-23　柔顺手腕动作过程

三、机器人手臂

手臂是机器人执行机构中重要的部件,它的作用是将被抓取的工件运送到给定的位置上。因而一般机器人的手臂有 3 个自由度,即手臂的伸缩、左右回转和升降(或俯仰)运动。

手臂回转和升降运动是通过机座的立柱实现的,立柱的横向移动即为手臂的横移。手臂的各种运动通常由驱动机构和各种传动机构来实现。因此,它不仅仅承受被抓取工件的重量,而且承受末端执行器、手腕和手臂自身的重量。手臂的结构、工作范围、灵活性以及抓重大小(即臂力)和定位精度都直接影响机器人的工作性能,所以必须根据机器人的抓取重量、运动形式、自由度数、运动速度以及定位精度的要求来设计手臂的结构形式。

按手臂的结构形式区分,手臂有单臂、双臂及悬挂式,如图 2-24 所示。

按手臂的运动形式区分,手臂有直线运动,如手臂的伸缩、升降及横向(或纵向)移动;有回转运动,如手臂的左右回转、上下摆动(即俯仰);有复合运动,如直线运动和回转运动的组

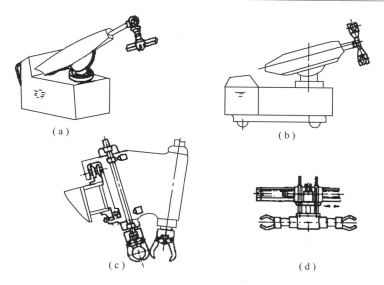

图 2-24 手臂的结构形式

合,两直线运动的组合,两回转运动的组合,通常可以设计成五种运动形式,包括圆柱坐标型、直角坐标型、球坐标型、关节型、平面关节型,如图 2-25 所示。

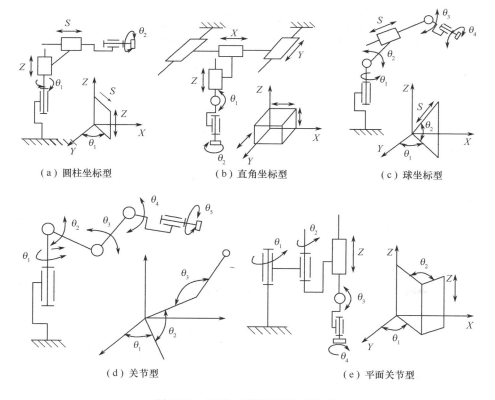

(a) 圆柱坐标型　　　　(b) 直角坐标型　　　　(c) 球坐标型

(d) 关节型　　　　(e) 平面关节型

图 2-25 机器人手臂机械结构形式

1. 手臂基本运动机构——臂部伸缩机构

当行程小时,采用油(汽)缸直接驱动;当行程较大时,可采用油(汽)缸驱动齿条传动的倍增机构或采用步进电机或伺服电机驱动,也可采用丝杠螺母或滚珠丝扛传动。为了增加手臂的刚性,防止手臂在伸缩运动时绕轴线转动或产生变形,手臂的伸缩机构设置了导向装置,或设计方形、花键等形式的壁杆。常用的导向装置有单导向杆和双导向杆等,可根据手臂的结构、抓重等因素选取。

图 2-26 所示为采用四根导向柱的臂伸缩结构。手臂的垂直伸缩运动由油缸 3 驱动,其特点是行程长、抓重大。工件形状不规则时,为了防止产生较大的偏重力矩,采用四根导向柱。这种结构多用于箱体加工线上。

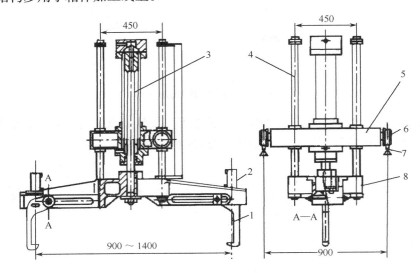

图 2-26 四导向往式臂伸缩机构
1—手部;2—夹紧缸;3—油缸;4—导向柱;5—运行架;6—行走车轮;7—轨道;8—支座

2. 手臂基本运动机构——手臂俯仰运动机构

机器人的手臂俯仰运动,一般采用活塞油(汽)缸与连杆机构来实现。手臂的俯仰运动用的活塞缸位于手臂的下方,其活塞杆和手臂用铰链连接,缸体采用尾部耳环或中部销轴等方式与立柱连接,如图 2-27 所示。

四、机器人机座

机器人机座是机器人的基础部分,起支撑作用,可分为固定式和移动式两种。一般工业机器人中的立柱式、机座式和屈伸式机器人大多是固定式的;但随着海洋科学、原子能工业及宇宙空间事业的发展,可以预见具有智能的、可移动机器人是今后机器人的发展方向。

图 2-28 所示是固定式机座机器人构成,主要包括立柱回转(第一关节)的二级齿轮减速传动装置,减速箱体即为基座。

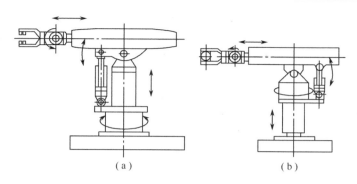

图 2-27 手臂俯仰驱动缸安装示意图

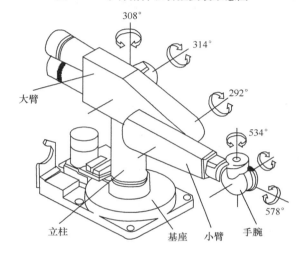

图 2-28 固定式机座机器人构成

任务二 机械手驱动力计算

一、夹紧力计算

手指握紧工件时所需要的力称为握力,握力的大小与夹持工件的重量、重心位置以及夹持工件的方位有关,把握力假想为作用在过手指与工件接触面的对称平面内,并设手指夹紧力两力大小相等、方向相反。夹持悬伸工件时受力分析如图 2-29 所示,重力作用线与手指夹持工件时的对称平面不重合,手指受悬伸工件的偏重力矩作用。

设夹紧力 N 位于手指与工件接触面的对称平面内,手指接触面长度为 H,工件重为 G,重心在 C 点,重心到手指接触面的对称面距离为 L,产生的悬伸偏重力矩为 GL。

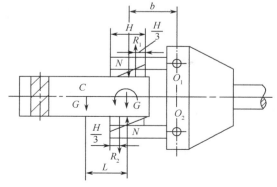

图 2-29 夹持悬伸工件时受力分析

设在偏重力矩作用下,工件对手指的反作用力按三角形分布,上指的反作用力的合力为 R_1,为防止工件下移,$R_1=G$,下指的反作用力的合力为 R_2,作用点如图 2-29 所示。为防止工件转动,上下指对工件产生的力矩为 $2R_2H/6=GL$。

对 O_1 点取矩

$$\sum m_{o1}(F) = 0 \quad Nb = R_2\left(b - \frac{H}{6}\right) \tag{2-1}$$

对 O_2 点取矩

$$\sum m_{o2}(F) = 0 \quad Nb = R_1 b + R_2\left(b + \frac{H}{6}\right) \tag{2-2}$$

将式(2-1)与式(2-2)相加整理并代入 R_1 和 R_2 值后得夹紧力

$$N = G\left(\frac{3L}{H} + \frac{1}{2}\right) = K_3 G \tag{2-3}$$

式中,K_3——方位系数,它与手指和工件的形状以及手指夹持工件时的方位有关。

二、滑槽杠杆型驱动力的计算

当工件重量、手指指形、工件形状和夹持的方位确定后,即可借助表 2-1 查出握力计算公式,可求出驱动力的大小。为了考虑工件在传送过程中产生的惯性力,振动以及传动机构效率影响,其实际的驱动力 P_s 应按式(2-4)计算。

$$P_s \geq P\frac{K_1 K_2}{\eta} \tag{2-4}$$

式中,P——驱动力,N;

η——手部的机械效率,一般取 0.85~0.95;

K_1——安全系数,一般取 1.2~2;

K_2——工作情况系数,主要考虑惯性力的影响,K_2 可以按式 $K_2=1+a/g$ 估算,a 为工件的加速度。

握力 N 与驱动力 P 的关系,取决于传力机构的结构形式及尺寸等。

表 2-1 握力计算公式

手指与工件位置	手指与工件形状	
	平面指形夹方料	V 型指形夹圆棒料
手指水平位置夹紧水平位置放置的工件	$N=0.5G$	$N=0.5G$

续表

手指与工件位置	手指与工件形状	
	平面指形夹方料	V型指形夹圆棒料
手指垂直位置夹紧水平位置放置的工件	$N=0.5G/f$（f 为摩擦因数）	$N=0.5G\tan(\theta-\varphi)$，$\varphi=\arctan f$
手指水平位置夹紧垂直位置放置的工件	$N=0.5G/f$	$N=0.5G\sin\theta/f$
手指垂直位置夹紧垂直位置放置的工件	$N=0.5G/f$	$N=0.5G\sin\theta/f$
手指水平位置夹紧悬伸放置的工件	$N=\left(\dfrac{3L}{H}+\dfrac{1}{2}\right)G$	$N=\left(\dfrac{3L}{H}+\dfrac{1}{2}\right)G$

在拉杆 3 作用下销轴 2 向上的驱动力为 P，并通过销轴中心 O 点，两手指 1 的滑槽对销轴的作用力为 P_1 和 P_2，其力的方向垂直于滑槽的中心线 OO_1 和 OO_2 并指向 O 点，P_1 和 P_2 的延长线交 O_1O_2 与 A 及 B，如图 2-30 所示，由于 $\triangle O_1OB$ 和 $\triangle O_1OA$ 均为直角三角形，故 $\angle AOC=\angle BOC=\alpha$。根据销轴的力平衡条件，即 $\sum Fx=0$，$P_1=P_2$，$\sum Fy=0$。

$$P=2P_1\cos\alpha$$
$$P_1=\frac{P}{2\cos\alpha} \tag{2-5}$$

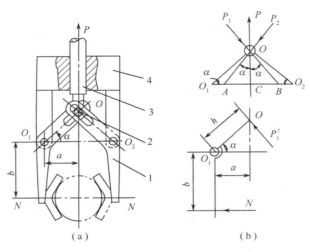

图 2-30 滑槽杠杆型驱动力分析
1—手指；2—销轴；3—拉杆；4—指座

由手指的力矩平衡条件得

$$P'_1 h = Nb \tag{2-6}$$

因 $P'_1=P_1$，$h=a/\cos\alpha$

所以

$$P=\frac{2b}{a}(\cos^2\alpha)N \tag{2-7}$$

式中，a——手指的回转支点到对称中心线距离；

α——工件被夹持时，手指的滑槽方向与两回转支点连线间的夹角。

由式(2-7)可知，当驱动力 P 一定时，α 角增大则握力 N 也随之增加，但 α 角过大会导致拉杆的行程过大，手指滑槽尺寸长度增加，因此一般取 α=30°～40°。这种手部结构简单，动作灵活，手指开闭角度大，但增力比 $N/P=a/(2b\cos^2\alpha)$ 较小。

任务三 手臂驱动力计算

一、手臂垂直升降运动驱动力的计算

手臂作垂直运动时，除克服摩擦力之外，还要克服机身自身运动部件的重力及其支撑的手臂、手腕、手部及工件的总重力以及升降运动的全部部件惯性力，故其驱动力 P_q 可按式

(2-8)计算。
$$P_q = F_m + F_g + F_b \pm W \tag{2-8}$$
式中，F_m——各支撑处摩擦力，N；

F_g——启动时总惯性力，N；

F_b——油（汽）缸非工作腔压力所造成的阻力，若非工作腔与油缸或大气相连时，则 $F_b = 0$；

W——运动部件的总重力，N。式中的正、负号，上升时为正，下降时为负。

二、手臂回转运动驱动力矩的计算

回转运动驱动力矩只包括回转部件的摩擦总力矩和机身自身运动部件及其支撑的手臂、手腕、手部及工件的总惯性力矩，故驱动力矩 M_q 可按式（2-9）计算。

$$M_q = M_m + M_g \tag{2-9}$$

式中，M_q——总摩擦阻力矩，N·m；

$$M_m = M'_m + M''_m$$

M'_m——回转缸动片圆柱面与缸径摩擦阻力矩，N·m；

M''_m——动片端面与缸盖之间的摩擦阻力矩，N·m；

M_g——各回转运动部件的总惯性力矩（N·m）而

$$M_g = J_0 \frac{\Delta \omega}{\Delta t} \tag{2-10}$$

$\Delta \omega$——升降或制动过程中的角速度增量，rad/s；

Δt——回转运动升速过程或制动过程的时间，s；

J_0——全部回转零件对机身回转轴的转动惯量，kg·m²。

由于参与回转的零件形状、尺寸和重量各不相同，所以计算 J_0 比较复杂，为了简化计算，可以将形状复杂的零件简化成几个简单形体分别计算，然后将各值相加，即是复杂零件对回转轴的转动惯量。

若手臂回转的零件重心与回转轴线不重合，其零件对回转轴的转动惯量为

$$J_0 = J_c + \frac{G}{g} \rho^2$$

(2-11)

式中，J_c——回转零件对过重心轴线的转动惯量，可查转动惯量表；

ρ——回转件的重心到回转轴线的距离，cm。

三、升降立柱下降不自锁的条件计算

偏重力矩是指臂部全部部件与工件的总重量对机身回转轴的静力矩。当手臂悬伸为最大形状时，其偏重力矩为最大。故偏重力矩应按悬伸最大行程且最大抓重时进行计算。

各零部件的重量可根据其结构形状和材料密度进行粗略计算。由于大多数零件采用对称形状的结构，其中心位置就在几何截面的几何中心上，因此，根据静力学原理可求出手臂总重量的重心位置距机身立柱轴的距离，也称作偏重力臂，如图2-31所示。

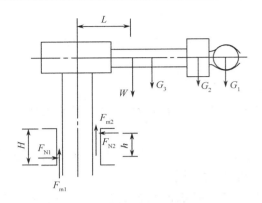

图 2-31 手臂的偏重力矩

偏重力臂的位置距离为

$$L = \frac{\sum G_i L_i}{\sum G_i} \tag{2-12}$$

式中，G_i——零部件及工件的重量，N；
L_i——零部件及工件的重心到机身回转轴的距离，m。

偏重力矩为

$$M = WL \tag{2-13}$$

式中，W——零部件及工件的总重量，N。

手臂在总重量 W 的作用下有一个偏重力矩，而立柱支撑导套中有阻止手臂倾斜的力矩，显然偏重力矩对升降运动的灵活性有很大影响。如果偏重力矩过大，使支撑导套与立柱之间的摩擦力过大，出现卡滞现象，则必须增大升降驱动力，相应的驱动及传动装置的结构庞大。如果靠自重下降，立柱可能卡死在导套内不能作下降运动，这就是自锁。故必须根据偏重力矩的大小决定立柱导套的长短。根据升降立柱的平衡条件可知

$$F_{N1} h = WL$$

所以

$$F_{N1} = F_{N2} = \frac{L}{h} W$$

要使升降立柱在导套内下降自由，臂部总重量 $G_1 + G_3$ 必须大于导套与立柱之间的摩擦力 F_{N1} 及 F_{N2}，因此升降立柱依靠自重下降而不引起卡死的条件为

$$W > F_{m1} + F_{m2} = 2 F_{N1} f = 2 \frac{L}{h} W f$$

即

$$h > 2fL \tag{2-14}$$

式中，h——导套的长度，m；
f——导套与立柱之间的摩擦因数，$f = 0.015 \sim 0.1$，一般取大值；
L——偏重力臂，m。

四、铰链活塞油缸和连杆机构的驱动力矩计算

铰链活塞油缸和连杆机构如图 2-32 所示,当手臂与水平位置成仰角 β_1 和 β_2 时,则铰链活塞缸的驱动力 P 的作用线与铅垂线的夹角 α 在 $\alpha_1 \sim \alpha_2$ 之间变化。而作用在活塞上的驱动力通过连杆机构产生的驱动力矩与手臂仰角 β 有关,其变化关系分析如下。

当手臂处在仰角 β_1 的位置 OA_1 时,驱动力 P 通过连杆机构产生的驱动力矩为

$$M_{\text{驱}} = Pb\cos(\alpha_1+\beta_1) \quad \text{kg·cm}$$

因

$$\tan\alpha_1 = \frac{A_1D}{O_1D} = \frac{B_1C}{O_1D}$$

而

$$B_1C = b\cos\beta_1 - a,\ O_1D = c + b\sin\beta_1\ \ \alpha_1 = \arctan\frac{b\cos\beta_1-a}{c+b\sin\beta_1}$$

所以

$$M_{\text{驱}} = pb\cos\left(\arctan\frac{b\cos\beta_1-a}{c+b\sin\beta_1}+\beta_1\right) \quad \text{kg·cm}$$

其中

$$P = \frac{\pi D^2}{4}p - P_f - P_b$$

式中,P——作用在铰链活塞缸上的驱动力;

a,b,c——机械手臂的尺寸,cm;

p——铰链活塞缸的工作压力,Pa;

P_f——铰链活塞缸中活塞与缸径、活塞杆与端盖的密封装置处的摩擦阻力,N;

P_b——铰链活塞缸、非工作腔的被压阻力,N;当非工作腔通油箱或大气时,$P_b=0$。

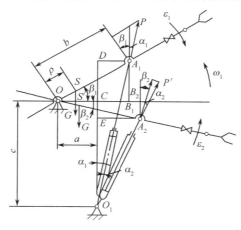

图 2-32 铰链活塞缸和连杆机构的驱动力矩图

当手臂处在仰角 β_2 的位置 OA_2 时,驱动力 P 通过连杆机构产生的驱动力矩为

$$M_{\text{驱}} = pb\cos(\alpha_2-\beta_2)$$

因

$$\tan\alpha_2 = \frac{A_2E}{O_1E} = \frac{A_2E}{O_1D - EC}$$

$$A_2E = B_2C = OB_2 - PC = b\cos\beta_2 - a$$

$$O_1C = c$$

$$EC = A_2B_2 = b\sin\beta_2$$

所以

$$\alpha_2 = \arctan\frac{b\cos\beta_2 - a}{c - b\sin\beta_2}$$

$$M_{驱} = pb\cos\left(\arctan\frac{b\cos\beta_2 - a}{c - b\sin\beta_2} - \beta_2\right)$$

当手臂处在水平位置,即 $\beta = 0$ 时,驱动力矩为

$$M_{驱} = pb\cos\left(\arctan\frac{b - a}{c}\right)$$

驱动手臂俯仰的驱动力矩,应克服手臂等部件的重量对回转轴线所产生的偏重力矩和手臂在启动时所产生的惯性力矩以及各回转处摩擦阻力矩,即

$$M_{驱} = M_{惯} \pm M_{偏} + M_m$$

一般因手臂座与立柱连接轴 O 处装有滚动轴承,其摩擦阻力矩较小,在铰链 A 和 O 处 $M_{驱}$ 方程可简化成

$$M_{驱} = M_{惯} \pm M_{偏}$$

式中,$M_{惯}$——手臂作俯仰运动,在启动时的惯性力矩,N·cm;

$M_{偏}$——手臂等部件的重量对回转轴线的偏重力矩,N·cm,当手臂上仰时为正,下仰时为负。

习题二

1. 机械手的特点是什么?
2. 试述磁力吸盘的基本原理。
3. 试述负压吸盘的工作原理。
4. 什么叫 R 关节、B 关节和 Y 关节?什么叫 RPY 运动?
5. 手腕设计要满足哪些要求?
6. 分析比较直角坐标型机器人、水平多关节机器人、垂直多关节机器人在受力、平衡、刚度、结构紧凑等方面要满足哪些要求。
7. 卡爪式取料器、吸附式取料器、末端操作器、多指灵巧手分别适用于哪些作业场合?

项目三　工业机器人的位姿及驱动力计算

教学导航

教	知识重点	工业机器人运动学
	知识难点	位姿的计算
	推荐教学方式	演示与理论教学相结合
	建议学时	12~16学时
学	推荐学习方法	学做合一
	必须掌握的理论知识	工业机器人运动学和动力学
做	必须掌握的技能	斯坦福机器人位姿的计算

任务一　工业机器人运动学的学习

串联机器人是由若干关节连接在一起的杆件组成的具有多个自由度的开链型空间连杆机构。开链的一端固定在基座上,另一端是机器人的手部,中间由一些杆件(刚体)用活动关节串联而成,常用的活动关节多为移动关节或转动关节。机器人运动学就是要建立各运动杆件关节的运动与机器人手部空间的位置、姿态之间的关系。

一、机器人位姿描述

机器人的位姿主要指机器人手部在空间的位置和姿态,有时也会涉及其他各个活动杆件在空间的位置和姿态。

1. 机器人的机构运动简图

机器人的运动简图是用简洁的线条和符号来表示机器人的各种运动及结构特征。在国标 GB/T12643—1990 中规定了机器人有关的各种运动功能的图形符号,见表3-1。

2. 机器人的自由度

机器人的自由度是指当确定机器人手部在空间的位置和姿态时所需的独立运动参数的数目。机器人各个杆件的活动关节只有一个独立运动自由度(移动副或转动),所以,机器人的自由度数就是机器人操作机中关节数目,关节越多越灵活,通用性越强;但自由度越多,机器人的结构越复杂,控制越困难,目前自由度一般不超过 6 个,如图 3-1 所示。

表 3-1 机器人运动功能的图形符号

名称	图形符号	工业机器机构简图
平面副移动关节		
回转副转动关节		
手部		
基座		

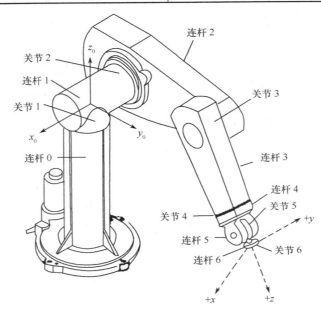

图 3-1 PUMA 机器人手臂的连杆和关节

机器人的每一个自由度(活动关节)都需要相应地配置一个原动件(如电机、油缸、汽缸等驱动装置)。

3. 机器人的坐标系

机器人是由基座、臂部、腕部和手部,以转动或移动的关节组成的空间机构,其手部和各个活动杆件的位置和姿态必须在三维空间进行描述,所以引入了机器人的坐标系,如图 3-2 所示。机器人中使用的坐标系是采用右手定则的直角坐标系,主要有以下几个。

(1) 绝对坐标系:参考工作现场地面的坐标系,它是机器人所有构件的公共参考坐标系。

(2) 基座坐标系:参考机器人基座的坐标系,它是机器人各活动杆件及手部的公共参考坐标系。

（3）杆件坐标系：参考机器人指定杆件的坐标系，它是机器人每个活动杆件上固定的参考坐标系，随着杆件的运动而运动。

（4）手部坐标系：参考机器人手部的坐标系，也称机器人位姿坐标系，它表示机器人手部在指定坐标系中的位置和姿态。

二、三维矢量和旋转变换

1. 矢量、点乘和叉乘

在三维空间坐标系中，可以用一个 3×1 位置矢量确定三维空间里的一个点，如图 3-3 所示。

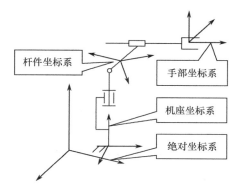

图 3-2 机器人的坐标系

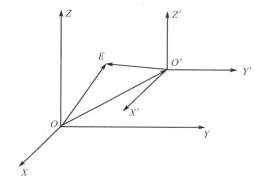

图 3-3 点的位置描述

例如，在空间建立笛卡儿坐标系 $Oxyz$，即原点在 O 点，三个坐标轴分别是 Ox,Oy,Oz，它们满足右手坐标系的规定。这个坐标系记为 $\{A\}$。则空间一点 E 在坐标系 $\{A\}$ 中的矢量表示为

$$^AE = \begin{bmatrix} E_x \\ E_y \\ E_z \end{bmatrix} \tag{3-1}$$

其中，E 的左上标 A 表示 ^AE 的三个坐标分量 E_x,E_y,E_z 是坐标系 $\{A\}$ 中的。如果定义矢量 i,j,k 分别是三个坐标轴的单位矢量，则 E 点可以用矢量和的形式表示：

$$^A\boldsymbol{E} = E_x\boldsymbol{i} + E_y\boldsymbol{j} + E_z\boldsymbol{k}$$

$$\begin{bmatrix} E_x \\ E_y \\ E_z \end{bmatrix} = E_x \begin{bmatrix} 1 \\ 0 \\ 0 \end{bmatrix} + E_y \begin{bmatrix} 0 \\ 1 \\ 0 \end{bmatrix} + E_z \begin{bmatrix} 0 \\ 0 \\ 1 \end{bmatrix} \tag{3-2}$$

这几种表达方法是等价的。

如果空间还存在另外一点 F，它的表示为

$$^A\boldsymbol{F} = F_x\boldsymbol{i} + F_y\boldsymbol{j} + F_z\boldsymbol{k} \tag{3-3}$$

那么，式(3-2)和式(3-3)两个矢量的点乘(标量积)用"·"表示为

$$^A\boldsymbol{E} \cdot {^A\boldsymbol{F}} = |\boldsymbol{E}||\boldsymbol{F}|\cos\alpha = E_xF_X + E_yF_Y + E_zF_Z \tag{3-4}$$

其中，$|\boldsymbol{E}|$ 和 $|\boldsymbol{F}|$ 表示矢量的长度，即原点到矢量端点的距离，$|\boldsymbol{E}| = \sqrt{E_x^2 + E_y^2 + E_z^2}$，$|\boldsymbol{F}| =$

$\sqrt{F_x^2+F_y^2+F_z^2}$；角度 α 是矢量 ^AE 和 ^AF 所在平面 ^AE 与 ^AF 间的夹角。

式(3-2)和式(3-3)两个矢量的叉乘(向量积)用"×"表示为

$$^A\boldsymbol{E}\times{}^A\boldsymbol{F}=(E_yF_z-E_zF_y)\boldsymbol{i}+(E_zF_x-E_xF_z)\boldsymbol{j}+(E_xF_y+E_yF_x)\boldsymbol{k} \tag{3-5}$$

这个定义用 3×3 矩阵行列式的展开更易于记忆。

$$^A\boldsymbol{E}\times{}^A\boldsymbol{F}=\begin{vmatrix} \boldsymbol{i} & \boldsymbol{j} & \boldsymbol{k} \\ E_x & E_y & E_z \\ F_x & F_y & F_z \end{vmatrix} \tag{3-6}$$

这样，^AE 在 $\{A\}$ 三个坐标轴上的分量(投影)，可以用点积表示为

$$E_x=\boldsymbol{i}\cdot{}^A\boldsymbol{E},\ E_y=\boldsymbol{j}\cdot{}^A\boldsymbol{E},\ E_z=\boldsymbol{k}\cdot{}^A\boldsymbol{E}$$

2. 两个坐标系间的旋转变换

设空间有一个坐标系 $\{A\}$，即 $Oxyz$，它是静止的。人们称它为参考坐标系，或称惯性系。又设空间有第二个笛卡儿坐标系 $\{B\}$，即 $Ouvw$。为讨论方便，先令它的原点也在 O 点。它的三个坐标轴上的单位矢量分别是 $\boldsymbol{n},\boldsymbol{s},\boldsymbol{a}$。坐标系 $\{B\}$ 可以看做是固定在空间某物体上的，随物体运动或静止而相对于参考坐标系运动或静止。有时，称 $\{B\}$ 为物体坐标系。这样，物体上的一个点 E 在参考坐标系 $\{A\}$ 中的描述是式(3-2)，而在物体坐标系 $\{B\}$ 的描述是

$$^B\boldsymbol{E}=E_u\boldsymbol{n}+E_v\boldsymbol{s}+E_w\boldsymbol{a} \tag{3-7}$$

$$^B\boldsymbol{E}=\begin{bmatrix} E_u \\ E_v \\ E_w \end{bmatrix} \tag{3-8}$$

当坐标系 $\{B\}$ 运动后(当原点不动时的运动是旋转)能找到一个 3×3 矩阵变换及来描述两个三维矢量 ^BE 和 ^AE 间的关系，即它把 ^BE 的描述变换成 ^AE 的描述：

$$^A\boldsymbol{E}=\boldsymbol{R}\,^B\boldsymbol{E} \tag{3-9}$$

在坐标系 $\{A\}$ 中描述矢量 ^BE 最直观的方法，是把矢量 ^BE 投影在 $\{A\}$ 三个坐标轴上，

$$E_x=\boldsymbol{i}\cdot{}^B\boldsymbol{E}=\boldsymbol{i}\cdot\boldsymbol{n}E_u+\boldsymbol{i}\cdot\boldsymbol{s}E_v+\boldsymbol{i}\cdot\boldsymbol{a}E_w$$

$$E_y=\boldsymbol{j}\cdot{}^B\boldsymbol{E}=\boldsymbol{j}\cdot\boldsymbol{n}E_u+\boldsymbol{j}\cdot\boldsymbol{s}E_v+\boldsymbol{j}\cdot\boldsymbol{a}E_w$$

$$E_z=\boldsymbol{k}\cdot{}^B\boldsymbol{E}=\boldsymbol{k}\cdot\boldsymbol{n}E_u+\boldsymbol{k}\cdot\boldsymbol{s}E_v+\boldsymbol{k}\cdot\boldsymbol{a}E_w$$

表示成矩阵形式更为简洁，如下：

$$\begin{bmatrix} E_x \\ E_y \\ E_z \end{bmatrix}=\begin{bmatrix} \boldsymbol{i}\cdot\boldsymbol{n} & \boldsymbol{i}\cdot\boldsymbol{s} & \boldsymbol{i}\cdot\boldsymbol{a} \\ \boldsymbol{j}\cdot\boldsymbol{n} & \boldsymbol{j}\cdot\boldsymbol{s} & \boldsymbol{j}\cdot\boldsymbol{a} \\ \boldsymbol{k}\cdot\boldsymbol{n} & \boldsymbol{k}\cdot\boldsymbol{s} & \boldsymbol{k}\cdot\boldsymbol{a} \end{bmatrix}\begin{bmatrix} E_u \\ E_v \\ E_w \end{bmatrix} \tag{3-10}$$

显然，式(3-9)中的转换矩阵 $\boldsymbol{R}$ 为

$$\boldsymbol{R}=\begin{bmatrix} \boldsymbol{i}\cdot\boldsymbol{n} & \boldsymbol{i}\cdot\boldsymbol{s} & \boldsymbol{i}\cdot\boldsymbol{a} \\ \boldsymbol{j}\cdot\boldsymbol{n} & \boldsymbol{j}\cdot\boldsymbol{s} & \boldsymbol{j}\cdot\boldsymbol{a} \\ \boldsymbol{k}\cdot\boldsymbol{n} & \boldsymbol{k}\cdot\boldsymbol{s} & \boldsymbol{k}\cdot\boldsymbol{a} \end{bmatrix} \tag{3-11}$$

反过来，把 $\{A\}$ 中描述的 ^AE 变换成 $\{B\}$ 中的 ^BE

$$^B E = \Omega ^A E \qquad (3\text{-}12)$$

类似推导,可以得出

$$\Omega = \begin{bmatrix} n\cdot i & n\cdot j & n\cdot k \\ s\cdot i & s\cdot j & s\cdot k \\ a\cdot i & a\cdot j & a\cdot k \end{bmatrix} \qquad (3\text{-}13)$$

变换 Ω 可以看成 R 的逆或转置,记为 R^{-1} 或 R^T,由于点积可交换性,有:

$$\Omega = R^{-1} = R^T \qquad (3\text{-}14)$$

$$\Omega R = R^{-1}R = R^T R = I_3 \qquad (3\text{-}15)$$

其中,矩阵右上标 T 表示矩阵的转置,I_3 是 3×3 单位阵。式(3-9)和(3-12)给出了两个坐标系{A}和{B}之间的旋转变换关系。分别对应正变换和逆变换,两个变换是互逆的,或者与式(3-14)是互为转置的。

描述{B}到{A}的变换矩阵可以记为 $^A R_B$,意思是在{A}上看到{B}的方位姿态;同理,Ω 可以记为 $^B R_A$。

3. 基本旋转变换和合成变换

根据上述变换矩阵的概念,{B}绕{A}的 Ox 轴旋转 α 角的旋转变换矩阵记为 $R_{x,\alpha}$,如图 3-4 所示。由于绕 Ox 轴转角 α,所以,$i \equiv n$ 即 $i\cdot n = 1$,j 和 s 以及 k 和 a 的夹角为 α,即 $j\cdot s = k\cdot a = \cos\alpha$,$k$ 和 s 的夹角是 $90°-\alpha$,则 $k\cdot s = \sin\alpha$,j 和 a 的夹角是 $90°+\alpha$,则 $j\cdot a = -\sin\alpha$,而 $j\cdot n = k\cdot n = i\cdot a = i\cdot s = 0$,因此,它们彼此是正交的,所以有:

$$R_{x,\alpha} = \begin{bmatrix} i\cdot n & i\cdot s & i\cdot a \\ j\cdot n & j\cdot s & j\cdot a \\ k\cdot n & k\cdot s & k\cdot a \end{bmatrix} = \begin{bmatrix} 1 & 0 & 0 \\ 0 & \cos\alpha & -\sin\alpha \\ 0 & \sin\alpha & \cos\alpha \end{bmatrix} \qquad (3\text{-}16)$$

同样,有绕 Oy 轴旋转 ϕ 角和绕 Oz 轴旋转 θ 角的变换矩阵是:

$$R_{y,\varphi} = \begin{bmatrix} \cos\phi & 0 & \sin\phi \\ 0 & 1 & 0 \\ -\sin\phi & 0 & \cos\phi \end{bmatrix}$$

$$R_{z,\theta} = \begin{bmatrix} \cos\theta & -\sin\theta & 0 \\ \sin\theta & \cos\theta & 0 \\ 0 & 0 & 1 \end{bmatrix} \qquad (3\text{-}17)$$

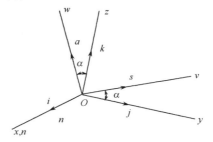

图 3-4 $R_{x,\alpha}$ 变换

矩阵 $R_{x,\alpha}$,$R_{y,\phi}$,$R_{z,\theta}$ 叫做基本旋转变换矩阵。任意一个旋转变换阵都可以由有限个基本旋转变换矩阵合成而得到。合成的规则如下:

① 最初两个坐标系{A}和{B}是重合的。因此,旋转变换矩阵是 3×3 的单位阵 I_3。

② 如果物体坐标系{B}绕参考坐标系{A}的一个坐标轴旋转,则在原结果矩阵上"左乘"相应的基本旋转变换矩阵。

③ 如果物体坐标系{B}绕自己的一个坐标轴旋转,则在原结果矩阵上"右乘"相应的基本旋转变换矩阵。

④ 旋转的次序是重要的，上述矩阵乘法一定按旋转的先后次序进行。

例如，$\{B\}$绕$\{A\}$的Ox轴旋转α角，再绕Oz轴旋转θ角，再绕Oy轴旋转ϕ角，总结果的旋转变换矩阵是：

$$\boldsymbol{R}=\boldsymbol{R}_{z,\theta}\boldsymbol{R}_{y,\phi}\boldsymbol{R}_{x,\alpha}=\begin{bmatrix}\cos\phi & 0 & \sin\phi \\ 0 & 1 & 0 \\ -\sin\phi & 0 & \cos\phi\end{bmatrix}\begin{bmatrix}\cos\theta & -\sin\theta & 0 \\ \sin\theta & \cos\theta & 0 \\ 0 & 0 & 1\end{bmatrix}\begin{bmatrix}1 & 0 & 0 \\ 0 & \cos\alpha & -\sin\alpha \\ 0 & \sin\alpha & \cos\alpha\end{bmatrix}$$

$$=\begin{bmatrix}\cos\phi\cos\theta & \sin\phi\sin\alpha-\cos\phi\cos\theta\cos\alpha & \sin\phi\cos\alpha+\cos\phi\sin\theta\sin\alpha \\ \sin\theta & \cos\theta\cos\alpha & -\cos\theta\sin\alpha \\ -\sin\phi\cos\theta & \cos\phi\sin\alpha+\sin\phi\sin\theta\cos\alpha & \cos\phi\cos\alpha-\sin\phi\sin\theta\sin\alpha\end{bmatrix} \quad (3\text{-}18)$$

三、齐次坐标与动系位姿矩阵

1. 齐次坐标

物体坐标系$\{B\}$相对于参考坐标系$\{A\}$，除了具有上文所述的旋转变换外，还可能具有平移变换，即坐标系$\{B\}$的原点O'离开坐标系$\{A\}$的原点O一段空间距离。现仍采用三维矢量来表示这段距离

$$^A\boldsymbol{E}_{BO'}=\begin{bmatrix}E_x \\ E_y \\ E_z\end{bmatrix} \quad (3\text{-}19)$$

如果坐标系$\{B\}$绕Ox旋转α角后，又平移了一段距离，则固定在坐标系$\{B\}$上的E点在两个坐标系中表示之间的关系是：

$$^A\boldsymbol{E}=\boldsymbol{R}_{x,\alpha}{}^B\boldsymbol{E}+{}^A\boldsymbol{E}_{BO'} \quad (3\text{-}20)$$

绕Ox坐标轴的旋转仍采用左乘基本旋转矩阵的方法，而平移交换用矢量相加的方法表示。进行以上变换后又绕Oy轴旋转ϕ角，再平移一段距离Q，则合成变换表示为

$$^A\boldsymbol{E}=\boldsymbol{R}_{y,\phi}[\boldsymbol{R}_{x,\alpha}{}^B\boldsymbol{E}+{}^A\boldsymbol{E}_{BO'}]+{}^A\boldsymbol{Q}_{BO'} \quad (3\text{-}21)$$

当变换次数较多时，上式表达方法显得很累赘。现采用四维矢量和4×4变换矩阵，把式(3-21)简洁地表示为

$$\begin{bmatrix}\boldsymbol{R}_{y,\phi} & {}^A\boldsymbol{Q}_{BO'} \\ 000 & 1\end{bmatrix}\begin{bmatrix}\boldsymbol{R}_{x,\alpha} & {}^A\boldsymbol{E}_{BO'} \\ 000 & 1\end{bmatrix}\begin{bmatrix}{}^B\boldsymbol{E} \\ 1\end{bmatrix}=\boldsymbol{T}_1\boldsymbol{T}_2\boldsymbol{E} \quad (3\text{-}22)$$

其中，

$$\boldsymbol{E}=\begin{bmatrix}E_x \\ E_y \\ E_z \\ 1\end{bmatrix} \quad (3\text{-}23)$$

$\boldsymbol{E}$是采用四维齐次坐标来表示现实空间的三维矢量。将一个n维空间的点用$n+1$维坐标表示，则该$n+1$维坐标即为n维坐标的齐次坐标。

2. 动系的姿态表示

在机器人坐标系中，运动时相对于连杆不动的坐标系称为静坐标系，简称静系；跟随连

杆运动的坐标系称为动坐标系,简称动系。动系位置与姿态的描述是动系原点位置及各坐标轴方向的描述。

（1）连杆的位姿描述

设有一机器人的连杆,若给定连杆 PL 上某一点的位置和该连杆在空间的姿态,则称该连杆在空间是完全确定的。

如图 3-5 所示,O' 为连杆上任意一点,$O'X'Y'Z'$ 为与连杆固接的一个坐标系,即为动系。连杆 PL 在固定坐标系 OXYZ 中的位置可用一齐次坐标表示为

$$E = \begin{bmatrix} E_x \\ E_y \\ E_z \\ 1 \end{bmatrix} \quad (3\text{-}24)$$

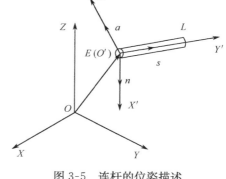

图 3-5　连杆的位姿描述

连杆的姿态可由动系的坐标轴方向来表示。

令 n, s, a 分别为 X', Y', Z' 坐标轴的单位矢量,各单位方向矢量在静系上的分量为动系各坐标轴的方向余弦,连杆的位姿可以用齐次矩阵表示为

$$T = \begin{bmatrix} n & s & a & E \end{bmatrix} = \begin{bmatrix} nx & sx & ax & X_0 \\ ny & sy & ay & Y_0 \\ nz & sz & az & Z_0 \\ 0 & 0 & 0 & 1 \end{bmatrix} \quad (3\text{-}25)$$

显然,连杆的位姿表示就是对固连于连杆上的动系的位姿表示。

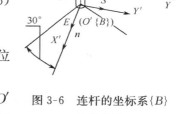

图 3-6　连杆的坐标系{B}位姿描述

【例 3-1】图 3-6 表示固连于连杆的坐标系{B}位于 O' 点,$X_{O'}=2, Y_{O'}=1, Z_{O'}=0$。在 XOY 平面内,坐标系{B}相对固定坐标系{A}有一个 30°的偏转,试写出表示连杆位姿的坐标系{B}的 4×4 矩阵表达式。

解　X' 的方向列阵　$n = [\cos 30° \quad \cos 60° \quad \cos 90° \quad 0]^T = [0.866 \quad 0.5 \quad 0 \quad 0]^T$
　　　　Y' 的方向列阵　$s = [\cos 120° \quad \cos 30° \quad \cos 90° \quad 0]^T = [-0.5 \quad 0.866 \quad 0 \quad 0]^T$
　　　　Z' 的方向列阵　$a = [\cos 90° \quad \cos 90° \quad \cos 0° \quad 0]^T = [0 \quad 0 \quad 1 \quad 0]^T$

坐标系{B}的位置列阵 $E = [2 \quad 1 \quad 0 \quad 1]^T$。

则动坐标系{B}的 4×4 矩阵表达式为

$$T = \begin{bmatrix} n & s & a & E \end{bmatrix} = \begin{bmatrix} 0.866 & -0.5 & 0 & 2 \\ 0.5 & 0.866 & 0 & 1 \\ 0 & 0 & 1 & 0 \\ 0 & 0 & 0 & 1 \end{bmatrix}$$

（2）手部位姿的描述

机器人手部的位置和姿态如图 3-7 所示,可以用固连于手部的坐标系$\{B\}$的位姿来表示,坐标系$\{B\}$由原点位置和三个单位矢量唯一确定,并规定如下。

原点:取手部中心点为原点 O_B。

接近矢量:关节轴方向的单位矢量 $\boldsymbol{a}$。

姿态矢量:手指连线方向的单位矢量 $\boldsymbol{o}$。

法向矢量:$\boldsymbol{n}$ 为法向单位矢量,同时垂直于 $\boldsymbol{o},\boldsymbol{a}$ 矢量,即 $\boldsymbol{n}=\boldsymbol{o}\times\boldsymbol{a}$。

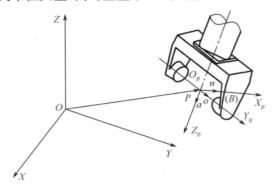

图 3-7 手部姿态的描述

手部姿态矢量为固定坐标系 $OXYZ$ 原点 O 指向手部坐标系$\{B\}$原点 O_B 的矢量 $\boldsymbol{P}$。

手部的位姿可由 4×4 矩阵表达式为

$$\boldsymbol{T}=[\boldsymbol{n}\ \ \boldsymbol{s}\ \ \boldsymbol{a}\ \ \boldsymbol{E}]=\begin{bmatrix} nx & ox & ax & X_0 \\ ny & oy & ay & Y_0 \\ nz & oz & az & Z_0 \\ 0 & 0 & 0 & 1 \end{bmatrix} \tag{3-26}$$

3. 目标物位姿的描述

任何一个物体在空间的位置和姿态都可以用齐次矩阵来表示。

如图 3-8 所示,楔块 Q 在图 3-8(a)所示的情况时可以用 6 个点描述,矩阵表达式为

$$\boldsymbol{Q}=\begin{bmatrix} 1 & -1 & -1 & 1 & 1 & -1 \\ 0 & 0 & 0 & 0 & 4 & 4 \\ 0 & 0 & 2 & 2 & 0 & 0 \\ 1 & 1 & 1 & 1 & 1 & 1 \end{bmatrix}$$

若让其绕 Z 轴旋转 $90°$,再绕 Y 轴旋转 $90°$,然后再沿 X 轴方向平移 4,则楔块成图 3-8(b)所示位姿,其齐次矩阵表达式为

$$\boldsymbol{Q}'=\begin{bmatrix} 4 & 4 & 6 & 6 & 4 & 4 \\ 1 & -1 & -1 & 1 & 1 & -1 \\ 0 & 0 & 0 & 0 & 4 & 4 \\ 1 & 1 & 1 & 1 & 1 & 1 \end{bmatrix}$$

可见用符号表示对目标物的变换方式不但可以记录物体位姿变化的过程,也便于矩阵的

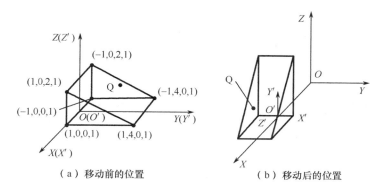

（a）移动前的位置　　　　　　　（b）移动后的位置

图 3-8　楔块 Q 位姿的齐次矩阵表示

运算。

四、齐次变换及运算

在工业机器人中，手臂、手腕等被视为（连杆）刚体。连杆的运动一般包括平移运动、旋转运动和平移加旋转运动。每次简单的运动可用变换矩阵表示，多次运动即可用多个变换矩阵的积表示，这样连杆的初始位姿矩阵乘以齐次变换矩阵，即可得到经过多次变换后该连杆的最终位姿矩阵。通过多个连杆的位姿传递，就可以得到机器人末端操作器的位姿，即进行机器人正向运动学的计算。

1. 平移的齐次变换

首先，介绍点在空间直角坐标系中的平移。如图 3-9 所示，空间某一点 A，坐标为 (X_A, Y_A, Z_A)，当它平移至 A' 点后，坐标为 $(X_{A'}, Y_{A'}, Z_{A'})$，其中

$$\begin{cases} X'_A = X_A + \Delta X \\ Y'_A = Y_A + \Delta Y \\ Z'_A = Z_A + \Delta Z \end{cases} \tag{3-27}$$

或写成

$$\begin{bmatrix} X'_A \\ Y'_A \\ Z'_A \\ 1 \end{bmatrix} = \begin{bmatrix} 1 & 0 & 0 & \Delta X \\ 0 & 1 & 0 & \Delta Y \\ 0 & 0 & 1 & \Delta Z \\ 0 & 0 & 0 & 1 \end{bmatrix} \begin{bmatrix} X_A \\ Y_A \\ Z_A \\ 1 \end{bmatrix}$$

也可以简写为 $A' = \mathrm{Trans}(\Delta X, \Delta Y, \Delta Z) A$

式中，$\mathrm{Trans}(\Delta X, \Delta Y, \Delta Z)$ 表示齐次坐标变换的平移算子。且

$$\mathrm{Trans}(\Delta X, \Delta Y, \Delta Z) = \begin{bmatrix} 1 & 0 & 0 & \Delta X \\ 0 & 1 & 0 & \Delta Y \\ 0 & 0 & 1 & \Delta Z \\ 0 & 0 & 0 & 1 \end{bmatrix} \tag{3-28}$$

式中，第四列元素 $\Delta X, \Delta Y, \Delta Z$ 分别表示沿坐标轴 X, Y, Z 的移动量。

若算子左乘，表示坐标变换是相对固定坐标系进行坐标变换，若算子右乘，表示坐标变换是相对动坐标系进行坐标变换。

【例 3-2】 如图 3-9 所示，点 H 按矢量 U 移动到 V，求点 V。

矢量 $U=2i+3j+2k$，矢量 $H=4i-3j+7k$

按式(3-28)平均算子为

$$\text{Trans}(2,2,2)=\begin{bmatrix} 1 & 0 & 0 & 2 \\ 0 & 1 & 0 & 3 \\ 0 & 0 & 1 & 2 \\ 0 & 0 & 0 & 1 \end{bmatrix}$$

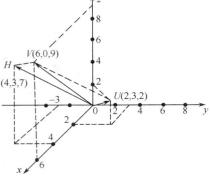

图 3-9 矢量平移

$$V=\text{Trans}(2,2,2)H=\begin{bmatrix} 1 & 0 & 0 & 2 \\ 0 & 1 & 0 & 3 \\ 0 & 0 & 1 & 2 \\ 0 & 0 & 0 & 1 \end{bmatrix}\begin{bmatrix} 4 \\ -3 \\ 7 \\ 1 \end{bmatrix}=\begin{bmatrix} 6 \\ 0 \\ 9 \\ 1 \end{bmatrix}$$

由此得矢量 $V=6i+0j+9k$。

平移变换就是两个矢量相加。

2. 旋转的齐次变换

根据直角坐标的旋转变换，可以写出相应的绕齐次坐标轴的旋转变换。

$$\text{Rot}(X,\theta)=\begin{bmatrix} 1 & 0 & 0 & 0 \\ 0 & \cos\theta & -\sin\theta & 0 \\ 0 & \sin\theta & \cos\theta & 0 \\ 0 & 0 & 0 & 1 \end{bmatrix} \tag{3-29}$$

$$\text{Rot}(Y,\theta)=\begin{bmatrix} \cos\theta & 0 & \sin\theta & 0 \\ 0 & 1 & 0 & 0 \\ -\sin\theta & 0 & \cos\theta & 0 \\ 0 & 0 & 0 & 1 \end{bmatrix} \tag{3-30}$$

$$\text{Rot}(Z,\theta)=\begin{bmatrix} \cos\theta & -\sin\theta & 0 & 0 \\ \sin\theta & \cos\theta & 0 & 0 \\ 0 & 0 & 1 & 0 \\ 0 & 0 & 0 & 1 \end{bmatrix} \tag{3-31}$$

$\text{Rot}(X,\theta)$、$\text{Rot}(Y,\theta)$、$\text{Rot}(Z,\theta)$ 分别表示齐次坐标变换时绕 X,Y,Z 轴转动的齐次变换矩阵，又称旋转算子，旋转算子左乘表示相对于固定坐标进行变换。

可以证得，绕任意过原点的单位矢量 k 旋转 θ 角的旋转算子为

$$\text{Rot}(k,\theta)=\begin{bmatrix} k_xk_x\text{versin}\theta+c\theta & k_yk_x\text{versin}\theta-k_zs\theta & k_zk_x\text{versin}\theta+k_ys\theta & 0 \\ k_xk_y\text{versin}\theta+k_zs\theta & k_yk_y\text{versin}\theta+c\theta & k_zk_y\text{versin}\theta-k_xs\theta & 0 \\ k_xk_z\text{versin}\theta-k_ys\theta & k_yk_z\text{versin}\theta+k_xs\theta & k_zk_z\text{versin}\theta+c\theta & 0 \\ 0 & 0 & 0 & 1 \end{bmatrix} \tag{3-32}$$

式中，$\text{versin}\theta=1-\cos\theta$，$c\theta=\cos\theta$，$s\theta=\sin\theta$，$\theta$ 值的正负号由右手螺旋法则决定。

【例 3-3】 如图 3-10 所示，已知矢量 $U=7i+3j+2k$，绕 z 轴旋转 $90°$ 变成 V，试求 V。

解: 因为 $\sin\theta=\sin90°=1,\cos\theta=\cos90°=0$

由式(3-31)可得

$$V=\begin{bmatrix}0 & -1 & 0 & 0\\1 & 0 & 0 & 0\\0 & 0 & 1 & 0\\0 & 0 & 0 & 1\end{bmatrix}\begin{bmatrix}7\\3\\2\\1\end{bmatrix}=\begin{bmatrix}-3\\7\\2\\1\end{bmatrix}$$

矢量 $V=-3i+7j+2k$。

【例 3-4】 如图 3-11 所示,将例 3-3 得到的 V 再绕旋转 90°变成 W,试求 W。

解: $W=\text{Rot}(y,90°)\text{Rot}(z,90°)U=\begin{bmatrix}0 & 0 & 1 & 0\\1 & 1 & 0 & 0\\-1 & 0 & 1 & 0\\0 & 0 & 0 & 1\end{bmatrix}\begin{bmatrix}-3\\7\\2\\1\end{bmatrix}=\begin{bmatrix}2\\7\\3\\1\end{bmatrix}$

矢量 $W=2i+7j+3k$。

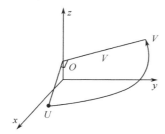

图 3-10 绕 z 轴旋转变换

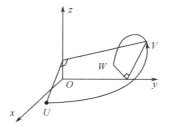

图 3-11 绕多个轴旋转变换

【例 3-5】 如图 3-12 所示,将上述两个旋转变换和平移 $4i-3j+7k$ 结合起来,矩阵表达式为 $\text{Trans}(4,-3,7)\text{Rot}(y,90°)\text{Rot}(z,90°)$,试求 P。

解: $P=\text{Trans}(4,-3,7)\text{Rot}(y,90°)\text{Rot}(z,90°)U$

$$=\begin{bmatrix}1 & 0 & 0 & 4\\0 & 1 & 0 & -3\\0 & 0 & 1 & 7\\0 & 0 & 0 & 1\end{bmatrix}\begin{bmatrix}0 & 0 & 1 & 0\\1 & 0 & 0 & 0\\0 & 1 & 0 & 0\\0 & 0 & 0 & 1\end{bmatrix}\begin{bmatrix}7\\3\\2\\1\end{bmatrix}$$

$$=\begin{bmatrix}0 & 0 & 1 & 4\\1 & 0 & 0 & -3\\0 & 1 & 0 & 7\\0 & 0 & 0 & 1\end{bmatrix}\begin{bmatrix}7\\3\\2\\1\end{bmatrix}=\begin{bmatrix}6\\4\\10\\1\end{bmatrix}$$

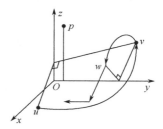

图 3-12 旋转加平移变换

其中,$\begin{bmatrix}0 & 0 & 1 & 4\\1 & 0 & 0 & -3\\0 & 1 & 0 & 7\\0 & 0 & 0 & 1\end{bmatrix}$ 为平移加旋转的一般齐次变换矩阵。

五、机器人运动学方程

描述机器人操作机上末端执行器在空间相对于绝对坐标系或相对于机座坐标系的位置及姿态的方程,称为机器人的运动学方程。

机器人运动学研究机器人末端执行器相对于参考坐标系的位置、速度及加速度。已知机器人操作机中各运动副的运动参数和杆件的结构参数,求末端执行器相对于参考坐标系的位置和姿态是运动学正问题。根据已给定的对末端执行器相对于参考坐标系的位置和姿态以及结构参数,求各运动副的运动参数是运动学逆问题。逆问题是机器人设计的关键,因为只有使各关节运动到逆解中求得的值,才能使末端执行器达到工作所要求的位置和姿态。

1. 机器人操作机的位置与姿态

机器人的操作机可看成由几个独立运动杆件通过旋转或移动的关节组成的机构。利用齐次坐标变换矩阵,可表示相邻两杆件相对位置及方向的关系,称为 A 矩阵。A_1 描述第一个杆件相对于某个坐标系(如机座)的位姿,A_2 描述第二个杆件坐标相对于第一个杆件坐标系的位姿。因而可以写出

$$\begin{aligned} T_1 &= A_1 \\ T_2 &= A_1 A_2 \\ T_3 &= A_1 A_2 A_3 \\ T_4 &= A_1 A_2 A_3 A_4 \\ T_5 &= A_1 A_2 A_3 A_4 A_5 \\ T_6 &= A_1 A_2 A_3 A_4 A_5 A_6 \end{aligned} \quad (3\text{-}33)$$

式中,$T_n(n=1,2,\cdots,6)$ 表示了 6 个杆件坐标系(一般工业机器人自由度 $n \leqslant 6$),这就是机器人运动学方程。机器人末端执行器位姿坐标系如图 3-13 所示。

若自由度 $n=6$,则绝对坐标系(机座坐标系)所描述的末端执行器坐标系为

$$T_6 = \begin{bmatrix} nx & ox & ax & P_x \\ ny & oy & ay & P_y \\ nz & oz & az & P_z \\ 0 & 0 & 0 & 1 \end{bmatrix}$$

其中,各列均为绝对坐标系所描述的矢量。

2. 机器人杆件的几何参数及关节变量

(1) 杆件的几何参数

如图 3-14 所示,连杆两端有关节 n 和 $n+1$,与机器人运动学有关的几何参数有如下两个。

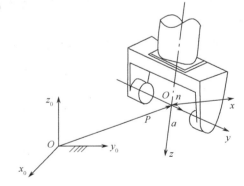

图 3-13 末端执行器的位姿坐标系

① 杆件的长度 a_n。两关节转轴轴线之间的最短距离,即两轴线之间公共垂线之长度。当两轴线相交,$a_n = 0$;两轴线平行时,有无穷多相等的公共垂线;两轴线交错时,只有唯一的一条公共垂线。对机座(不动杆件)及末端杆件,由于只有一个关节,规定其长度为零,即 $a_0 = a_n = 0$;对一端为旋转关节,另一端为移动关节的杆件,也规定其长度为零。

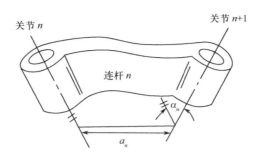

图 3-14 连杆的几何参数

② 杆件的扭角 α_n。将一杆件上的一条轴线向另一轴线移动,使之相交,则此两直线决定一个与杆件长度 a_n 垂直的平面,此两直线的平面交角就是该杆件的扭角 α_n,机座及末端杆件的扭角为零。

a_n 和 α_n 的下标 $n=0,1,2,\cdots n$,是杆件的编号,从机座开始依次往后编号,最后是末端杆件 n。除机座与末端杆件外,其余每个杆件都有两个关节,与 n 号杆件相连 $n-1$ 号关节称为下关节,与计 n 号杆件相连的关节 $n+1$ 称为上关节。

(2) 关节变量及偏置量

关节变量是指两相邻杆件相对位置的变化量,用坐标 q_n 表示。当两杆件以旋转关节相连时,q_n 为转角 θ_n;当两杆件以移动关节相连时,q_n 是两杆件沿关节轴线的相对线位移 d_n,如图 3-15 所示。若关节 n 是旋转关节,则关节变量为 θ_n,由于杆件 n 及杆件 $n-1$ 的杆长 a_n 和 a_{n-1} 一般不相交,故两者沿关节轴线存在一距离 d_n,称为偏置量。若关节 n 是移动关节,则关节变量就是 d_n。

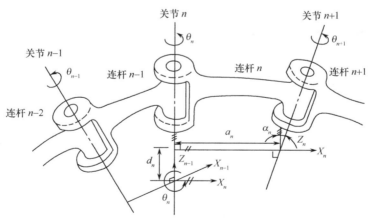

图 3-15 连杆的关系参数

① 关节变量角 θ_n。将杆件 n 的长度线 a_n 平移至杆件 $n-1$ 的长度线 a_{n-1} 处与其相交,两者决定了一个与关节 n 轴线相交的平面。θ_n 角可在此平面内测量:θ_n 的起始线为 a_{n-1} 延长线,终止线为 a_n 的平行线。θ_n 角的方向按 n 轴单位矢量 e_n 的右手定则确定,图示 θ_n 角为正。

② 偏置量 d_n。杆件 n 的偏量是杆长线 a_n 和 a_{n-1} 在关节轴线上截取的距离。若关节是旋转关节,则成为常量;若关节 n 为移动关节(棱柱关节),则 d_n 是关节变量,由单位矢量 e_n 指定它的正方向,如图 3-16 中所示的 d_3,d_4,d_5。

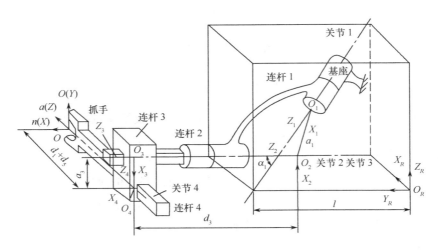

图 3-16 换刀机械手各杆件坐标系

这样,每个连杆可以由四个参数来描述,其中两个是连杆尺寸,两个表示连杆与相邻连杆的连接关系。当连杆 n 旋转时,θ_n 随之改变,为关节变量,其他三个参数不变;当连杆进行平移运动时,d_n 随之改变,为关节变量,其他三个参数不变。确定连杆的运动类型,同时根据关节变量即可设计基座关节运动副,从而进行整个机器人的结构设计。已知各个关节变量的值,便可从基座固定坐标系通过连杆坐标系的传递,推导出手部坐标系的位姿形态。

3. 相邻杆件运动学关系——A 矩阵

A 矩阵是两相邻杆件坐标系的齐次坐标变换短阵。它将杆件坐标系向下一杆件坐标系变换。由于在杆件的关节上有两种建立坐标系的方法,因而有两种不同形式 A 矩阵。

(1) 第一种 A 矩阵

第一种 A 矩阵把杆件坐标系固定在每个杆件的上关节处,即杆件的坐标系 $\{n\}$ 设置于 $n+1$ 号关节上,并固定于杆件 n 上。坐标系 $\{n\}$ 与杆件 n 无相对运动。坐标系 $\{n\}$ 向坐标系 $\{n-1\}$ 变换,等价于 $\{n-1\}$ 将经过旋转—平移—平移—旋转变换,即

$$\boldsymbol{A}_n = \mathrm{Rot}(z_{n-1},\theta_n)\mathrm{Trans}(0,0,d_n)\mathrm{Trans}(a_n,0,0)\mathrm{Rot}(x_n,\alpha_n)$$

$$= \begin{bmatrix} \cos\theta_n & -\sin\theta_n\cos\alpha_n & \sin\theta_n\sin\alpha_n & a_n\cos\theta_n \\ \sin\theta_n & \cos\theta_n\cos\alpha_n & -\cos\theta_n\cos\alpha_n & a_n\sin\theta_n \\ 0 & \sin\alpha_n & \cos\alpha_n & d_n \\ 0 & 0 & 0 & 1 \end{bmatrix}$$

(2) 第二种 A 矩阵

把杆件坐标系固定在该杆件的下关节处,由坐标系 $\{n\}$ 向坐标系 $\{n-1\}$ 作变换。

$$A_n = \text{Rot}(z_{n-1}, \alpha_{n-1}) \text{Trans}(a_{n-1}, 0, 0) \text{Rot}(z_n, \theta_n) \text{Trans}(0, 0, d_n)$$

$$= \begin{bmatrix} \cos\theta_n & -\sin\theta_n & d_n & a_{n-1} \\ \sin\theta_n \cos\alpha_{n-1} & \cos\theta_n \cos\alpha_{n-1} & -\sin\alpha_{n-1} & -d_n \sin\alpha_{n-1} \\ \sin\theta_n \sin\alpha_{n-1} & \cos\theta_n \sin\alpha_{n-1} & \cos\alpha_{n-1} & d_n \cos\alpha_{n-1} \\ 0 & 0 & 0 & 1 \end{bmatrix}$$

4. 机器人运动学方程

(1) 正向运动学

图 3-17 所示为斯坦福机器人及赋给各连杆的坐标系。斯坦福机器人有两个转动关节(关节 1 和关节 2)且两个转动关节的轴线相交于一点,一个移动关节(关节 3),共三个自由度,其中一个自由度为杆 1 绕固定坐标系的 Z_0 轴旋转 θ_1。手腕有三个转动关节,与转动关节的轴线相交于一点,共三个自由度:杆 4 绕杆 3 坐标系的 Z_3 轴旋转 θ_4;杆 5 绕杆 4 坐标系的 Z_4 轴旋转 θ_5;杆 6 绕杆 5 坐标系的 Z_5 轴旋转 θ_6;$X_6 Y_6 Z_6$ 为手部坐标系,原点位于手部两爪的中心,离手腕中心的距离为 H,当夹持工件时,需要确定它与夹持工件上固连坐标系的相对位置关系和相对姿态关系。

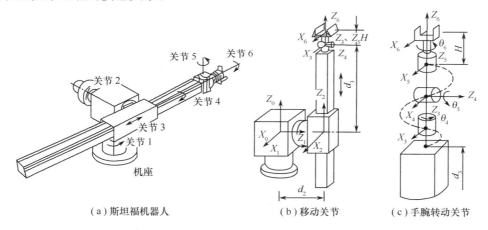

(a) 斯坦福机器人　　(b) 移动关节　　(c) 手腕转动关节

图 3-17　斯坦福机器人及各连杆的坐标系

表 3-2 所列为斯坦福机器人各连杆的参数。

表 3-2　斯坦福机器人各连杆的参数

杆件号	关节转角 θ	扭角 α	杆长 a	距离 d
1	θ_1	$-90°$	0	0
2	θ_2	$90°$	0	d_2
3	θ_3	0	0	d_3
4	θ_4	$-90°$	0	0
5	θ_5	$90°$	0	0
6	θ_6	0	0	H

根据表 3-2 所示的斯坦福机器人各连杆的参数和齐次变换矩阵公式,可求得 A_n。

$$A_1 = \begin{bmatrix} c\theta_1 & 0 & -s\theta_1 & 0 \\ s\theta_1 & 0 & c\theta_1 & 0 \\ 0 & -1 & 0 & 0 \\ 0 & 0 & 0 & 1 \end{bmatrix}, A_2 = \begin{bmatrix} c\theta_2 & 0 & s\theta_2 & 0 \\ s\theta_2 & 0 & -c\theta_2 & 0 \\ 0 & 1 & 0 & d_2 \\ 0 & 0 & 0 & 1 \end{bmatrix}, A_3 = \begin{bmatrix} 1 & 0 & 0 & 0 \\ 0 & 1 & 0 & 0 \\ 0 & 0 & 1 & d_3 \\ 0 & 0 & 0 & 1 \end{bmatrix}$$

$$A_4 = \begin{bmatrix} c\theta_4 & 0 & -s\theta_4 & 0 \\ s\theta_4 & 0 & c\theta_4 & 0 \\ 0 & -1 & 0 & 0 \\ 0 & 0 & 0 & 1 \end{bmatrix}, A_5 = \begin{bmatrix} c\theta_5 & 0 & s\theta_5 & 0 \\ s\theta_5 & 0 & -c\theta_5 & 0 \\ 0 & 1 & 0 & 0 \\ 0 & 0 & 0 & 1 \end{bmatrix}, A_6 = \begin{bmatrix} c\theta_6 & 0 & -s\theta_6 & 0 \\ s\theta_6 & c\theta_6 & 0 & 0 \\ 0 & 0 & 1 & 0 \\ 0 & 0 & 0 & 1 \end{bmatrix}$$

则斯坦福机器人运动方程为

$$T_6 = A_1 A_2 A_3 A_4 A_5 A_6 = \begin{bmatrix} n_X & o_X & a_X & P_X \\ n_Y & o_Y & a_Y & P_Y \\ n_Z & o_Z & a_Z & P_Z \\ 0 & 0 & 0 & 1 \end{bmatrix}$$

$$\begin{cases} n_X = c\theta_1 [c\theta_2 (c\theta_4 c\theta_5 c\theta_6 - s\theta_4 s\theta_6) - s\theta_2 s\theta_5 c\theta_6] - s\theta_1 (s\theta_4 c\theta_5 c\theta_6 + c\theta_4 s\theta_6) \\ n_Y = s\theta_1 [c\theta_2 (c\theta_4 c\theta_5 c\theta_6 - s\theta_4 s\theta_6) - s\theta_2 s\theta_5 c\theta_6] - c\theta_1 (s\theta_4 c\theta_5 c\theta_6 + c\theta_4 s\theta_6) \\ n_Z = -s\theta_2 (c\theta_4 c\theta_5 c\theta_6 - s\theta_4 s\theta_6) - s\theta_2 s\theta_5 c\theta_6 \\ o_X = c\theta_1 [-c\theta_2 (c\theta_4 c\theta_5 c\theta_6 - s\theta_4 s\theta_6) + s\theta_2 s\theta_5 c\theta_6] - s\theta_1 (-s\theta_4 c\theta_5 c\theta_6 + c\theta_4 s\theta_6) \\ o_Y = s\theta_1 [c\theta_2 (c\theta_4 c\theta_5 c\theta_6 - s\theta_4 s\theta_6) - s\theta_2 s\theta_5 c\theta_6] + c\theta_1 (s\theta_4 c\theta_5 c\theta_6 + c\theta_4 s\theta_6) \\ o_Z = s\theta_2 (c\theta_4 c\theta_5 c\theta_6 + s\theta_4 c\theta_6) + c\theta_2 s\theta_5 s\theta_6 \\ a_X = c\theta_1 (c\theta_2 c\theta_4 s\theta_6 + s\theta_2 c\theta_5) - s\theta_1 s\theta_4 s\theta_5 \\ a_Y = s\theta_1 (c\theta_2 c\theta_4 s\theta_6 + s\theta_2 c\theta_5) + c\theta_1 s\theta_4 s\theta_5 \\ a_Z = -s\theta_2 c\theta_4 s\theta_6 + c\theta_2 s\theta_5 \\ P_X = c\theta_1 [c\theta_2 c\theta_4 s\theta_6 H - s\theta_2 (c\theta_5 H - d_3)] - s\theta_1 (s\theta_4 s\theta_5 H + d_2) \\ P_Y = s\theta_1 [c\theta_2 c\theta_4 s\theta_5 H - s\theta_2 (c\theta_5 H - d_3)] + c\theta_1 (s\theta_4 s\theta_5 H + d_2) \\ P_Z = -[s\theta_2 c\theta_4 s\theta_5 H + c\theta_2 (c\theta_5 H - d_3)] \end{cases}$$

机器人的起始位置为零位,如图 3-18 所示。已知关节变量为:$\theta_1 = 90°, \theta_2 = 90°, d_3 = 300\text{mm}, \theta_4 = 90°, \theta_5 = 90°, \theta_6 = 90°$。机器人结构参数为:$d_2 = 100\text{mm}, H = 50\text{mm}$。并假设 $H = 0$,则 n, O, a 三个方向矢量不变,而位置的分量 P_X, P_Y, P_Z 分别为

$$P_X = c\theta_1 s\theta_2 d_3 - s\theta_1 d_2$$
$$P_Y = s\theta_1 s\theta_2 d_3 + c\theta_1 d_2$$
$$P_Z = c\theta_2 d_3$$

代入已知参数和变量值,求得数值解为

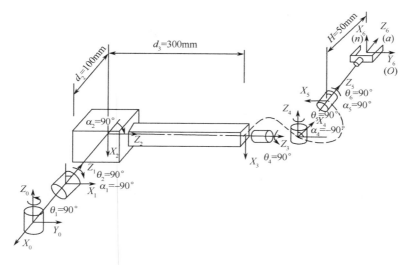

图 3-18 斯坦福机器人手部及各杆件状态

$$T_6 = \begin{bmatrix} 0 & 0 & -1 & -150 \\ 0 & 1 & 0 & 300 \\ 1 & 0 & 0 & 0 \\ 0 & 0 & 0 & 1 \end{bmatrix}$$

该 4×4 矩阵即为斯坦福机器人在题目给定情况下手部位姿的矩阵,即运动学正解。

图 3-19 所示为具有一个肩关节、一个肘关节和一个腕关节的 SCARA 机器人。机器人连杆的参数见表 3-3,机器人坐标系如图 3-20 所示。

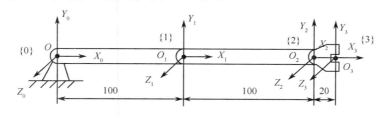

图 3-19 SCARA 机器人

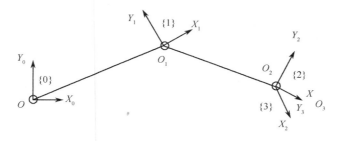

图 3-20 SCARA 机器人坐标系

表 3-3 SCARA 机器人的连杆参数

连杆	转角(变量)θ_n	两连杆间距离 d_n	连杆长度 a_n	连杆扭角 α_n
连杆 1	θ_1	$d_1=0$	$a_1=l_1=100$	$\alpha_1=0$
连杆 2	θ_2	$d_2=0$	$a_2=l_2=100$	$\alpha_2=0$
连杆 3	θ_3	$d_3=0$	$a_3=l_3=20$	$\alpha_3=0$

该平面关节型机器人的运动学方程为

$$T_3 = A_1 A_2 A_3$$

式中，A_1 表示连杆 1 的坐标系{1}相对于固定坐标系{0}的齐次变换矩阵；A_2 表示连杆 2 的坐标系{2}相对于连杆 1 的坐标系{1}的齐次变换矩阵；A_3 表示连杆 3 的坐标系即手部坐标系{3}相对于连杆 2 的坐标系{2}的齐次变换矩阵。参考图 3-20，于是有

$$A_1 = \text{Rot}(z_0,\theta_1)\text{Trans}(l_1,0,0) = \begin{bmatrix} c\theta_1 & -s\theta_1 & 0 & l_1 c\theta_1 \\ s\theta_1 & c\theta_1 & 0 & l_1 s\theta_1 \\ 0 & 0 & 1 & 0 \\ 0 & 0 & 0 & 1 \end{bmatrix}$$

$$A_2 = \text{Rot}(z_1,\theta_2)\text{Trans}(l_2,0,0) = \begin{bmatrix} c\theta_2 & -s\theta_2 & 0 & l_2 c\theta_2 \\ s\theta_2 & c\theta_2 & 0 & l_2 s\theta_2 \\ 0 & 0 & 1 & 0 \\ 0 & 0 & 0 & 1 \end{bmatrix}$$

$$A_3 = \text{Rot}(z_2,\theta_3)\text{Trans}(l_3,0,0) = \begin{bmatrix} c\theta_3 & -s\theta_3 & 0 & l_3 c\theta_3 \\ s\theta_3 & c\theta_3 & 0 & l_3 s\theta_3 \\ 0 & 0 & 1 & 0 \\ 0 & 0 & 0 & 1 \end{bmatrix}$$

$$T_3 = \begin{bmatrix} c(\theta_1+\theta_2+\theta_3) & -s(\theta_1+\theta_2+\theta_3) & 0 & l_3 c(\theta_1+\theta_2+\theta_3)+l_2 c(\theta_1+\theta_2)+l_1 c\theta_1 \\ s(\theta_1+\theta_2+\theta_3) & c(\theta_1+\theta_2+\theta_3) & 0 & l_3 s(\theta_1+\theta_2+\theta_3)+l_2 s(\theta_1+\theta_2)+l_1 s\theta_1 \\ 0 & 0 & 1 & 0 \\ 0 & 0 & 0 & 0 \end{bmatrix}$$

T_3 是 A_1，A_2，A_3 连乘的结果，表示手部坐标系{3}（手部）的位置和姿态。当转角变量 θ_1，θ_2，θ_3 给定时，可以算出具体数值。

(2) 反向运动学

反向运动学是已知机器人的目标位姿参数（矩阵），求解各关节参数（矩阵）的过程，这就是求解机器人运动学的逆问题，也称间接位置求解。根据式(3-33)两端矩阵元素应相等的原理，可得一组多变量的三角函数方程。求解这些运动参数，需解一组非线性超越函数方程。求解方法有三种：代数法、几何法和数值解法。前两类方法是基于给出封闭解，它们适用于存在封闭逆解的机器人。关于机器人是否存在封闭逆解，对一般具有 3～6 个关节的机器人，有以下充分条件：有 3 个相邻关节轴交于一点；有 3 个相邻关节轴相互平行。只要满

足上述一个条件,就存在封闭逆解。数值法由于只给出数值,无需满足上述条件,是一种通用的逆问题求解方法,但计算工作量大,目前尚难满足实时控制的要求。

任务二　工业机器人动力学学习

一、工业机器人速度分析

机器人的运动学方程只局限于对静态位置的讨论,未涉及速度、加速度和受力分析。

1. 工业机器人速度雅可比矩阵

数学上,雅可比矩阵是一个多元函数的偏导矩阵。假设有六个函数,每个函数有六个变量,即

$$\begin{cases} y_1 = f_1(x_1, x_2, x_3, x_4, x_5, x_6) \\ y_2 = f_2(x_1, x_2, x_3, x_4, x_5, x_6) \\ y_3 = f_3(x_1, x_2, x_3, x_4, x_5, x_6) \\ y_4 = f_4(x_1, x_2, x_3, x_4, x_5, x_6) \\ y_5 = f_5(x_1, x_2, x_3, x_4, x_5, x_6) \\ y_6 = f_6(x_1, x_2, x_3, x_4, x_5, x_6) \end{cases} \tag{3-34}$$

可以写成
$$Y = F(X)$$

将其微分得到

$$\begin{cases} dy_1 = \frac{\partial f_1}{\partial x_1} dx_1 + \frac{\partial f_1}{\partial x_2} dx_2 + \frac{\partial f_1}{\partial x_3} dx_3 + \frac{\partial f_1}{\partial x_4} dx_4 + \frac{\partial f_1}{\partial x_5} dx_5 + \frac{\partial f_1}{\partial x_6} dx_6 \\ dy_2 = \frac{\partial f_2}{\partial x_1} dx_1 + \frac{\partial f_2}{\partial x_2} dx_2 + \frac{\partial f_2}{\partial x_3} dx_3 + \frac{\partial f_2}{\partial x_4} dx_4 + \frac{\partial f_2}{\partial x_5} dx_5 + \frac{\partial f_2}{\partial x_6} dx_6 \\ dy_3 = \frac{\partial f_3}{\partial x_1} dx_1 + \frac{\partial f_3}{\partial x_2} dx_2 + \frac{\partial f_3}{\partial x_3} dx_3 + \frac{\partial f_3}{\partial x_4} dx_4 + \frac{\partial f_3}{\partial x_5} dx_5 + \frac{\partial f_3}{\partial x_6} dx_6 \\ dy_4 = \frac{\partial f_4}{\partial x_1} dx_1 + \frac{\partial f_4}{\partial x_2} dx_2 + \frac{\partial f_4}{\partial x_3} dx_3 + \frac{\partial f_4}{\partial x_4} dx_4 + \frac{\partial f_4}{\partial x_5} dx_5 + \frac{\partial f_4}{\partial x_6} dx_6 \\ dy_5 = \frac{\partial f_5}{\partial x_1} dx_1 + \frac{\partial f_5}{\partial x_2} dx_2 + \frac{\partial f_5}{\partial x_3} dx_3 + \frac{\partial f_5}{\partial x_4} dx_4 + \frac{\partial f_5}{\partial x_5} dx_5 + \frac{\partial f_5}{\partial x_6} dx_6 \\ dy_6 = \frac{\partial f_6}{\partial x_1} dx_1 + \frac{\partial f_6}{\partial x_2} dx_2 + \frac{\partial f_6}{\partial x_3} dx_3 + \frac{\partial f_6}{\partial x_4} dx_4 + \frac{\partial f_6}{\partial x_5} dx_5 + \frac{\partial f_6}{\partial x_6} dx_6 \end{cases} \tag{3-35}$$

也可简写成

$$dY = \frac{\partial F}{\partial X} dx$$

式中,6×6 矩阵叫做雅可比矩阵。

在工业机器人速度分析和静力分析中都将遇到类似的矩阵,此矩阵称之为机器人雅可比矩阵,或简称雅可比。

以二自由度平面关节机器人为例,如图 3-21 所示,机器人的手部坐标(x,y)相对于关节变量(θ_1, θ_2)有

$$\begin{cases} x = l_1 \cos\theta_1 + l_2 \cos\theta_1 \cos\theta_2 \\ y = l_1 \sin\theta_1 + l_2 \sin\theta_1 \sin\theta_2 \end{cases} \tag{3-36}$$

即

$$\begin{cases} x = x(\theta_1, \theta_2) \\ y = y(\theta_1, \theta_2) \end{cases} \quad (3\text{-}37)$$

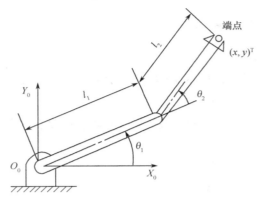

图 3-21 二自由度平面关节机器人

求微分有

$$\begin{cases} \mathrm{d}x = \dfrac{\partial x}{\partial \theta_1}\mathrm{d}\theta_1 + \dfrac{\partial x}{\partial \theta_2}\mathrm{d}\theta_2 \\ \mathrm{d}y = \dfrac{\partial y}{\partial \theta_1}\mathrm{d}\theta_1 + \dfrac{\partial y}{\partial \theta_2}\mathrm{d}\theta_2 \end{cases}$$

写成矩阵为

$$\begin{bmatrix} \mathrm{d}x \\ \mathrm{d}y \end{bmatrix} = \begin{bmatrix} \dfrac{\partial x}{\partial \theta_1} & \dfrac{\partial x}{\partial \theta_2} \\ \dfrac{\partial y}{\partial \theta_1} & \dfrac{\partial y}{\partial \theta_2} \end{bmatrix} \cdot \begin{bmatrix} \mathrm{d}\theta_1 \\ \mathrm{d}\theta_2 \end{bmatrix} \quad (3\text{-}38)$$

令

$$\boldsymbol{J} = \begin{bmatrix} \dfrac{\partial x}{\partial \theta_1} & \dfrac{\partial x}{\partial \theta_2} \\ \dfrac{\partial y}{\partial \theta_1} & \dfrac{\partial y}{\partial \theta_2} \end{bmatrix} \quad (3\text{-}39)$$

则式(3-38)可以简写为

$$\mathrm{d}\boldsymbol{X} = \boldsymbol{J}\mathrm{d}\theta$$

由此可求得

$$\boldsymbol{J} = \begin{bmatrix} -l_1\sin\theta_1 - l_2\sin(\theta_1+\theta_2) & l_2\sin(\theta_1+\theta_2) \\ l_1\cos\theta_1 + l_2\cos(\theta_1+\theta_2) & l_2\cos(\theta_1+\theta_2) \end{bmatrix}$$

对于 n 自由度机器人,关节变量 $q = [q_1 \ q_2 \ \cdots \ q_n]^\mathrm{T}$,当关节为转动关节时,$q_i = \theta_i$;当关节为移动关节时,$q_i = d_i$,则 $\mathrm{d}q = [dq_1 \ dq_2 \ \cdots \ dq_n]^\mathrm{T}$,反映关节空间的微小运动。由 $\boldsymbol{X} = \boldsymbol{X}(q)$ 可知,

$$\mathrm{d}\boldsymbol{X} = \boldsymbol{J}(q)\mathrm{d}q \quad (3\text{-}40)$$

式中,$\boldsymbol{J}(q)$ 是 $(6 \times n)$ 偏导数矩阵,称为自由度机器人速度雅可比矩阵。

2. 工业机器人速度分析

把式(3-40)两边各除以 dt，得

$$\frac{d\boldsymbol{X}}{dt} = \boldsymbol{J}(q)\frac{dq}{dt} \tag{3-41}$$

或

$$\boldsymbol{V} = \boldsymbol{J}(q)\dot{q} \tag{3-42}$$

式中，V——机器人末端在操作空间中的广义速度；

$\boldsymbol{J}(q)$——速度雅可比矩阵；

$\dot{q}$——机器人关节在关节空间中的关节速度。

给定机器人手部速度，可由 $V=\boldsymbol{J}(q)\dot{q}$ 解出相应的关节速度，$\dot{q}=\boldsymbol{J}^{-1}V$，式中 $\boldsymbol{J}^{-1}$ 为机器人逆速度雅可比矩阵。

逆速度雅可比矩阵 $\boldsymbol{J}^{-1}$ 出现奇异解的情况如下：

① 工作域边界上奇异。机器人手臂全部伸开或全部折回时，叫奇异形位。该位置产生的解称为工作域边界上的奇异。

② 工作域内部上奇异。机器人两个或多个关节轴线重合引起的奇异。当出现奇异形位时，会产生退化现象，即在某个空间某个方向上，不管机器人关节速度怎么选择，手部也不能动。

二、工业机器人静力学分析

工业机器人力学分析主要包括静力学分析和动力学分析。静力学分析是研究操作机在静态工作条件下，手臂的受力情况；动力学分析是研究操作机各主动关节驱动力与手臂运动的关系，从而得出工业机器人动力学方程。静力学分析和动力学分析是工业机器人操作机设计、控制器设计和动态仿真的基础。

工业机器人与环境的接触将在工业机器人与环境之间引起相互作用力和力矩。而工业机器人的关节扭矩由每个关节的驱动装置提供，通过手臂传至手部，使力和力矩作用于与环境的接触面上，这种力和力矩的输入和输出关系在工业机器人的控制中是十分重要的。

1. 静力平衡方程

开式链手臂中单个杆件的受力情况如图 3-22 所示。杆件 i 通过关节 i 和 $i+1$ 分别与杆件 $i-1$ 和 $i+1$ 相连接，以 i 关节的回转轴线和 $i+1$ 关节的回转轴线为 z_{i-1} 和 z_i 坐标，分别建立两个坐标系 $\{i-1\}$ 和 $\{i\}$，令 $f_{i-1,i}$ 表示杆 $i-1$ 作用在杆 i 上的力，$f_{i,i+1}$ 表示杆 i 作用在杆 $i+1$ 上的力，则 $-f_{i+1,i}$ 表示杆 $i+1$ 作用在杆 i 上的力，c_i 为杆 i 重心，重力 mg 作用在 c_i 上，于是杆 i 的力平衡方程为

$$f_{i-1,i} + f_{i,i+1} + mg = 0 \quad (i=1,2,3,\cdots,n)$$

若以 $-f_{i+1,i}$ 代替 $f_{i,i+1}$ 则有

$$f_{i-1,i} - f_{i+1,i} + mg = 0 \tag{3-43}$$

以上矢量是相对固定坐标系而言的。

又令 $N_{i-1,i}$ 表示杆 $i-1$ 作用在杆 i 上的力矩，$-N_{i,i+1}$ 表示杆 $i+1$ 作用在杆 i 上的力

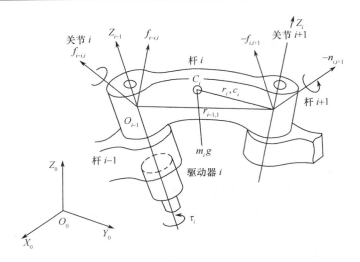

图 3-22 杆件 i 的受力分析

矩,则力矩平衡方程为

$$N_{i-1,i}-N_{i+1,i}-(r_{i,i+1}+r_{i,c_i})\times f_{i-1,i}+(-r_{i,c_i})\times(-f_{i,i+1})=0 \ (i=1,2,3,\cdots,n) \tag{3-44}$$

式中,第三项为 $f_{i-1,i}$ 对重心取矩;第四项为 $-f_{i,i+1}$ 对重心取矩;$r_{i,i+1}$ 为从 $\{i-1\}$ 坐标系原点 O_{i-1} 到 $\{i\}$ 坐标系原点 O_i 的位置矢量;r_{i,c_i} 为 O_i 到重心 c_i 的位置矢量。

从施加在操作机手部的力和力矩开始,依次从末杆件到机座求出所施加的力和力矩,将式(3-43)和式(3-43)合并变成从前杆到后杆的递推公式,即

$$\begin{cases} f_{i-1,i}=f_{i+1,i}-mg \\ N_{i-1,i}=N_{i+1,i}+(r_{i,i+1}+r_{i,c_i})\times f_{i-1,i}-(r_{i,c_i}\times f_{i,i+1}) \\ n=1,2,\cdots,n \end{cases} \tag{3-45}$$

为方便表示关节力和力矩,写成一个 n 维矢量:

$$\boldsymbol{F}=\begin{bmatrix} f_{i-1,i} \\ N_{i-1,i} \end{bmatrix} \tag{3-46}$$

2. 关节力和关节力矩

为了使操作机保持静力平衡,需要确定驱动器对相应杆件的输入力和力矩与其所引起的操作机手部力和力矩之间的关系。

令 τ_i 为驱动杆件 i 的第 i 个驱动器的驱动力或驱动力矩,并假设关节处无摩擦,则当关节是移动副对,如图 3-23 所示,τ_i 应与该关节的作用力 $f_{i-1,i}$ 在 z_{i-1} 上的分量平衡,即

$$\tau_i=b_{i-1}^T f_{i-1,i} \tag{3-47}$$

式中,b_{i-1}——$i-1$ 关节轴的单位矢量。

式(3-47)说明驱动器的输入力只与人 $f_{i-1,i}$ 在 z_{i-1} 轴上的分量平衡,其他方向的分量由约束力平衡,约束力不做功。

当关节是转动副时,τ_i 表示驱动力矩,它与作用力矩从 $N_{i-1,i}$ 在 z_{i-1} 轴上的分量相平衡,即

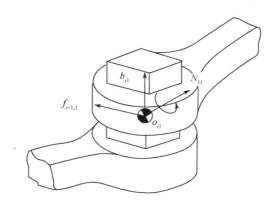

图 3-23 移动关节上的关节力

$$\tau_i = b_{i-1}^T N_{i-1,i} \tag{3-48}$$

作用力矩在其他方向上的分量有约束平衡。

驱动器的驱动力和驱动力矩的 n 维向量形式为

$$\boldsymbol{\tau} = \begin{bmatrix} \tau_1 \\ \tau_2 \\ \vdots \\ \tau_n \end{bmatrix} \tag{3-49}$$

关节力矩 τ 与工业机器人手部端点力 F 的关系可用下式描述：

$$\boldsymbol{\tau} = \boldsymbol{J}^T F \tag{3-50}$$

式中，τ——广义关节力矩；

F——机器人手部端点力；

$\boldsymbol{J}^T$——$(n \times 6)$ 阶机器人力雅克比矩阵，简称力雅克比。

式(3-49)可用虚功原理证明。

证明：如图 3-24 所示，各个关节的虚位移组成机器人关节虚位移矢量 $\delta \boldsymbol{q}_i$；末端操作器的虚位移矢量为 $\delta \boldsymbol{X}$，由线虚位移 $\boldsymbol{d}$ 矢量和角位移 $\boldsymbol{\delta}$ 矢量组成。

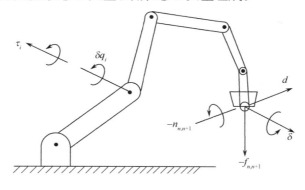

图 3-24 关节及末端操作器的虚位移

$$\delta \pmb{X} = \begin{bmatrix} d \\ \delta \end{bmatrix} = \begin{bmatrix} d_x \\ d_y \\ d_z \\ \delta\phi_x \\ \delta\phi_y \\ \delta\phi_z \end{bmatrix} \tag{3-51}$$

$$\delta q = [\delta q_1 \quad \delta q_2 \quad \delta q_3 \quad \delta q_4]^T \tag{3-52}$$

设发生上述虚位移时,各关节力为 $\tau_i(1,2,\cdots,n)$,外力作用在机器人手部端点上的力和力矩分别为 $-f_{i,i+1}$ 和 $-N_{i,i+1}$,由上述力和力矩所做的虚功可以由下式求出:

$$\delta W = \tau_1 \delta q_1 + \tau_2 \delta q_2 + \cdots + \tau_i \delta q_i - f_{i,i+1} d - N_{i,i+1} \delta$$

或写成

$$\delta W = \tau^T \delta q - F^T \delta X \tag{3-53}$$

根据虚功原理,机器人处于平衡状态的充分必要条件是对任意的符合几何约束的虚位移,$\delta W = 0$,又因为 $dX = J dq$,代入式(3-53)得

$$\delta W = \tau^T \delta q - F^T \delta X = \tau^T \delta q - F^T J \delta q = (\tau^T - F^T J) \delta q = 0$$
$$\tau^T - F^T J = (\tau - J^T F)^T = 0$$
$$\tau = J^T F$$

三、工业机器人动力学分析

工业机器人操作机是一个非常复杂的动力学系统,目前已提出了多种动力学分析方法,它们分别基于不同的力学方程和原理,如牛顿-欧拉方程、拉格朗日方程、凯思方程、阿贝尔方程、广义达朗贝尔原理等。

1. 牛顿-欧拉运动学方程

由理论力学知识可知,一个刚体的运动可分解为固定在刚体上的任意点的移动以及该刚体绕这一定点的转动两部分。同样,动力学方程也可以用两个方程表达:一个用以描述质心的移动,另一个描述质心的转动。前者称为牛顿运动方程,后者称为欧拉运动方程。

取工业机器人手臂的单个杆件作为自由体,其受力分析如图 3-25 所示。图中 v_{ci} 为杆件 i 相对于固定坐标系的质心速度,ω_i 为杆件 i 的转动角速度,其余如图 3-25 所示。

因为固定坐标系是惯性参考系,所以杆件 i 的惯性力为 $-m_i \dot{v}_{ci}$。将惯性力加入到静力学平衡方程式(3-43)中,于是有牛顿运动方程:

$$f_{i-1,i} - f_{i+1,i} + mg - m_i \dot{v}_{ci} = 0 \tag{3-54}$$

旋转运动用欧拉方程描述,与推导式(3-54)的方法相同,可以通过在静力学力矩平衡方程中加入惯性矩而导出。

作用在杆体上的惯性矩是该杆件的瞬时角动量对时间的变化率。令 ω_i 为角速度向量,I_i 为杆件 i 质心处的惯量,于是角动量为 $I_i \omega_i$。因为惯量随杆件方位的变化而变化,所以角动量对时间的导数不仅包含 $I_i \dot{\omega}_i$,而且包含因 I_i 的变化而引起的 $\omega_i \times (I_i)\omega_i$ 变化,即陀螺力矩,将上述两项加到静力学力矩平衡式(3-44)中,得

$$N_{i-1,i} - N_{i+1,i} - (r_{i,i+1} + r_{i,c_i}) \times f_{i-1,i} + (-r_{i,c_i}) \times (-f_{i+1,i}) - I_i \dot{\omega}_i - \omega_i \times (I_i)\omega_i = 0 \tag{3-55}$$

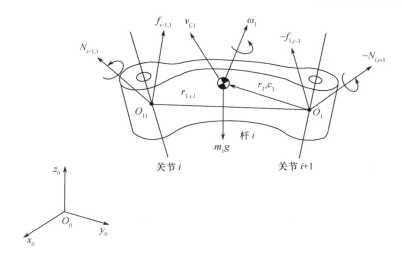

图 3-25 杆件 i 动力学方程的建立

2. 拉格朗日动力学

牛顿-欧拉运动学方程是基于牛顿第二定律和欧拉方程,利用达朗贝尔原理,将动力学问题变成静力学问题求解,该方法计算速度快。拉格朗日动力学则是基于系统能量的概念,以简单的形式求得非常复杂的系统动力学方程,并具有显式结构,物理意义比较明确。

(1) 拉格朗日函数

对于任何机械系统,拉格朗日函数 L 定义为系统总的动能 E_k 与总的势能 E_p 之差,即

$$L(q,\dot{q})=E_k(q,\dot{q})-E_p(q) \tag{3-56}$$

式中,$q=[q_1 \quad q_2 \quad \cdots \quad q_n]$ 是表示动能和势能的广义坐标,$\dot{q}=[\dot{q}_1 \quad \dot{q}_2 \quad \cdots \quad \dot{q}_n]$ 是相应的广义速度。

(2) 机器人系统动能

在机器人中,连杆是运动部件,连杆 i 的动能 E_{ki} 为连杆质心线速度引起的动能和连杆角速度产生的动能之和,即

$$E_{ki}=\frac{1}{2}m_i v_{ci}^T v_{ci}+\frac{1}{2}{}^i\omega_i^T I_i^i {}^i\omega_i \tag{3-57}$$

系统总动能为 n 个连杆的动能之和,即

$$E_k = \sum_{i=1}^{n} E_{ki} \tag{3-58}$$

由于 v_{ci} 和 ${}^i\omega_i$ 是关节变量 q 和关节速度 $\dot{q}$ 的函数,因此,从上式可知,机器人的动能是关节变量和关节速度的标量函数,记为从 $E_k(q,\dot{q})$,可表示为:

$$E_k(q,\dot{q})=\frac{1}{2}\dot{q}^T \boldsymbol{D}(q)\dot{q} \tag{3-59}$$

式中,$\boldsymbol{D}(q)$ 是 $n\times n$ 阶的机器人惯性矩阵,$\boldsymbol{D}(q)$ 是正定矩阵。

(3) 机器人系统势能

设连杆 i 的势能为 E_{pi},连杆 i 的质心在 $\{O\}$ 坐标系中的位置矢量为 $\boldsymbol{P}_{ci}$,重力加速度矢

量在$\{O\}$坐标系中为$\boldsymbol{g}$,则

$$E_{pi} = -m_i \boldsymbol{g}^T \boldsymbol{P}_{ci} \tag{3-60}$$

机器人系统的势能为各连杆的势能之和,即

$$E_p = \sum_{i=1}^{n} E_{pi} \tag{3-61}$$

它是q的标量函数。

(4) 拉格朗日方程

系统的拉格朗日方程为

$$\tau = \frac{\mathrm{d}}{\mathrm{d}t}\frac{\partial L}{\partial \dot{q}} - \frac{\partial L}{\partial q} \tag{3-62}$$

上式又称为拉格朗日-欧拉方程,简称 L-E 方程。式中,τ 是 n 个关节的驱动力或力矩矢量。

讨论题

如图 3-26 所示自由度串联机器人,手臂 3 个关节为典型布置,手腕部分 3 个关节的轴线在空间交于一点,求解机器人的运动学逆问题。

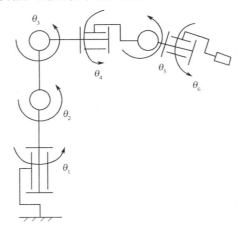

图 3-26 机器人构型简图

对图 3-26 所示的操作机结构,根据后置 D-H 方法建立各连杆的附体坐标系,如图 3-27 所示。为了使各杆件坐标系之间的相互关系非常直观,便于检验运动方程的正确性,选择关节 1,4,6 的轴线互相平行时为基准状态:基座坐标系$\{O\}$的原点选在腰关节和肩关节轴线的交点处,z_0 轴沿关节 1 的运动轴线并指向手臂的肩部,x_0 与 z_0 轴垂直,方向任选,y_0 轴按右手定则确定。末端坐标系$\{O_6\}$的原点选在末端执行器安装法兰基准面与关节 6 轴线的交点上,坐标轴与$\{O_5\}$的坐标轴平行且方向相同。需要注意的是$\{O_i\}$是附着在杆 i 上,它的 z 轴为关节 $i+1$ 的回转轴,$\{O\}$既是基座系又是杆 0 的附体坐标系,它的 z 轴为关节 1 的回转轴。坐标系$\{O_i\}$由坐标系$\{O_{i-1}\}$经过 4 次变换(对应于连杆的 4 个参数)得到,二者之间的变换关系记为$^{i-1}A_i$,称为相邻坐标系$\{O_i\}$与$\{O_{i-1}\}$的 D-H 变换矩阵。

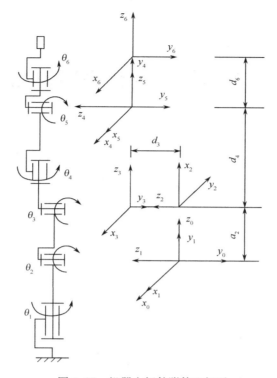

图 3-27 机器人杆件附体坐标系

$$^{i-1}A_i = \mathrm{Rot}(z_{i-1},\theta_i)\mathrm{Trans}(z_{i-1},d_i)\mathrm{Trans}(x_i,a_i)\mathrm{Rot}(x_i,\alpha_i)$$

$$= \begin{bmatrix} \cos\theta_i & -\sin\theta_i\cos\alpha_i & \sin\theta_i\sin\alpha_i & a_i\cos\theta_i \\ \sin\theta_i & \cos\theta_i\cos\alpha_i & -\cos\theta_i\cos\alpha_i & a_n\sin\theta_i \\ 0 & \sin\alpha_i & \cos\alpha_i & d_i \\ 0 & 0 & 0 & 1 \end{bmatrix}$$

项目四　工业机器人环境感觉技术应用

教学导航

教	知识重点	各类传感器原理
	知识难点	传感器应用
	推荐教学方式	演示与理论教学相结合
	建议学时	12～16学时
学	推荐学习方法	学做合一
	必须掌握的理论知识	各类传感器原理
做	必须掌握的技能	传感器选型与应用

　　传感器是用于感知某种信息的器件。传感器在本质上是一种能将具有某种物理表现形式的信息变换成可处理信息的输入换能器。通过传感器获得信息，并将这种信息变换成与处理器兼容的形式。经过处理后，信息又被变换成适合输出到外界的形式。

　　这里的信息以某种能量或某种物质的形式存在。因此，没有能量或物质的转移便没有信息的转移。

　　信息的载体分为六类：辐射、物理量、热、电、磁、化学量。换能器应用物理效应实现信号传送。为了便于处理信号，传感器一般将非电信号变换成电信号。有时需要测量量的空间或时间导数。若选择可直接得到空间或时间导数的换能器，就能取代直接测量量。例如，为了测定轴的转速，可通过轴编码器输出的导数得到。另一方面，由直流转速传感器输出的时间导数可直接得到与转速成正比的输出。

　　传感器有如下几种类型。

　　① 自生型：来自输入信号的能量直接变换成输出信号。这类传感器无残留误差，也不需要辅助电源。

　　② 调制型：主要能量供给不是输入信号，而是一个辅助能源。这类传感器最适合于检测弱信号。

　　③ 绝对型：传感器的输出永远代表其输入。

　　④ 增量型：传感器的输出仅代表其输入的改变，改变的积累才代表真正的输入。这类传感器在使用前需要标定。

　　代表传感器性能的指标是：线性、滞后、重复性、灵敏度、噪声。

　　一般情况下传感器的输出并不是被测量本身。一方面，为了获得被测量需要对传感器的输出进行处理；另一方面，得到的被测量信息又很少直接被利用，需要先处理成所需的形式。利用传感器实际输出提取所需信息的机构总体上可称为传感系统。

基本的传感器仅是一个信号变换元件,如果其内部还具有对信号进行某些特定处理的机构就称为智能传感器。传感器的智能化得利于电子电路的集成化,高集成度的处理器件使得传感器能够具备传感系统的部分信息加工能力。智能化传感器不仅减小了传感系统的体积,而且可以提高传感系统的运算速度,降低噪声,提高通信容量,降低成本。

机器人系统中使用的传感器种类和数量越来越多。为了有效地利用这些传感器信息,需要对不同情况进行综合处理,从传感信息中获取单一传感器不具备的新功能和新特点,这种处理称为多传感器融合。多传感器融合可以提高传感器的可信度,克服局限性。

机器人控制涉及的几何量、物理量等多方面的参数,为了测量每一个参数而采用的传感器又涉及多种原理,所以传感器的种类繁多,对它们进行分类便于了解其概况。从使用目的的角度看,机器人传感器可分为以下两大类。

1. 内部信息传感器

内部信息传感器是检测工业机器人各部分内部状态的传感器。例如,检测手臂位置、速度、加速度等,并将这些量转变为电信号(模拟量)或以数字量形式输出,作为闭环伺服控制系统的反馈信号,或者作为程序控制用。此外,在机器人系统中,还装有检测油压、温度以及过载保护用的传感器。

2. 外部信息传感器

外部信息传感器用于检测对象情况(包括工作对象的位置、形状、触感等)及机器人与外界的关系,从而使机器人动作能适应外界状况。例如,手部握力传感器,用于检测手指握力大小,使机器人能适应被握物体性质进行夹持控制。

有些传感器既可以作为内部信息传感器,也可以作为外部信息传感器使用。对于工业机器人用的传感器,特别是对于用做反馈元件的传感器,要求具有以下特性:

① 可靠性高。因多用于恶劣环境,长时间连续工作,要求寿命长,无故障,一般不需要维修、保养。

② 尺寸小,重量轻。由于装在手、臂、脚等狭小部位,要求轻小简便。

③ 精度高。应能检测出绝对位置,且要求重复精度高,工业机器人的定位精度在很大程度上取决于传感器的分辨率和线性精度。

④ 抗干扰,稳定性好。要能承受强电磁干扰、电源被动和机械振动,受温度、湿度、振动、冲击等影响小。

⑤ 价格便宜,经济耐用。

工业机器人检测机构的选用,必须适应其控制方式的要求。例如,要考虑机器人是点位控制,还是连续轨迹控制;控制机构是开关型,还是伺服型;位置信号是模拟量,还是数字量;控制系统是开环还是闭环等。

内部信息传感器按功能可进行见表 4-1 的分类。

表 4-1 内部信息传感器分类

功　能	种　类
位置、角度传感器	电位器,旋转变压器,编码器
速度、角度传感器	测速发电机,码盘
加速度(振动)传感器	应变片式,伺服式,压电式,电动式
倾斜角传感器	液体式,垂直振子式
方位角传感器	陀螺仪,地磁传感器

外部信息传感器的分类见表 4-2。

表 4-2 外部信息传感器分类

功　能		种　类
视觉传感器	测量传感器	光学式
	认别传感器	光学式,声学式
触觉传感器	接触觉传感器	单点式,分布式
	压觉传感器	单点式,分布式,高密度集成式
	滑觉传感器	点接触式,线接触式,面接触式
力觉传感器	力传感器,力矩传感器,力、力矩传感器	
接近觉传感器	接近觉传感器	空气式,磁场式,电场式,光学式,声学式
	距离传感器	光学式,声学式
角度觉传感器	倾斜角传感器	旋转式,振子式,摆动式
	方向传感器	方向节式,内球面转动式
	姿态传感器	陀螺仪
其他传感器	听觉传感器	话筒
	嗅觉传感器	
	味觉传感器	

任务一　工业机器人视觉的应用

机器人自问世以来到现在,经过了 40 多年的发展,已被广泛应用于工业各个领域,成为工业现代化的重要标志。但是,目前工厂实际应用的工业机器人大部分都以"示教—再现"的工作方式运行。由于这种工作方式是开环工作方式,缺乏对外部变化信息的了解,譬如作业对象发生了偏移或者变形导致位置发生变化,或者其再现轨迹上有障碍物出现时,工业机器人就不能根据这些变化实时地调整其运动轨迹,缺乏灵活性和适应性。引进计算机视觉系统,由摄像机、图像采集卡、工业计算机和工业机器人系统以及相关的软件组成。通过计算机视觉系统,获取操作对象和周围环境的图像信息并进行分析处理,实现对图像中特征点的三维空间定位,然后由计算机利用机器人远程控制软件对工业机器人进行远程控制,实现机器人对这些点的自动定位和跟踪。从 20 世纪 60 年代开始,人们便着手研究机器人的系统,一开始只能识别平面上的类似积木的物体,到了 20 世纪 70 年代,已经可以认识某些加工部件,也能认识室内的桌子、电话等物品了。当时的研究工作虽然进展很快,但无法应用于实际。这是因为视觉系统的信息量极大,处理这些信息的硬件系统十分庞大,花费的时间也很长。

随着大规模集成技术的发展,计算机内存的体积不断缩小,价格急剧下降,速度不断提高,视觉系统也走向了实用化。进入 20 世纪 80 年代后,由于微机的飞速发展,实用的视觉系统已经进入各个领域,其中用于机器人的视觉系统数量是很多的。

机器人的视觉与文字识别或图像识别的区别在于,机器人视觉系统需要处理三维图像,不仅需要了解物体的大小、形状,还要知道物体之间的关系。为了实现这个目标,要克服很多困难。因为视觉传感器只能得到二维图像,那么从不同角度上来看同一物体,就会得到不同的图像。光源的位置不同,得到的图像的明暗程度与分布情况也不同;实际的物体虽然互不重叠,但是从某一个角度上看,却能得到重叠的图像。为了解决这个问题,人们采取了很多的措施,并在不断地研究新方法。

通常,为了减轻视觉系统的负担,人们总是尽可能地改善外部环境条件,对视角、照明、物体的放置方式作出某种限制。但更重要的还是加强视觉系统本身的功能和使用较好的信息处理方法。

视觉系统由图像输入、图像处理、图像存储和图像输出四部分组成,如图 4-1 所示。图像输入部分负责获取外界物体的光信号,并将其转换为相应的电信号,进而转换为数字信号,一般包括光源滤波、视觉传感、距离测定等。图像处理部分负责将获取的大量物体信息进行提取和处理,包括图像边缘的检测、连接、光滑和轮廓的编码等,并将处理后的数据传输给其他设备。图像存储部分主要担任数据的保存工作。图像输出部分主要是将物体的信息显示于屏幕上,同时将信息传送到机器人的主控系统,机器人根据所得信息便可进行相应的闭环控制。

图 4-2 为与焊枪一体式的结构光视觉传感器结构图。激光束经过柱面镜形成单条纹结构光。由于 CCD 摄像机与焊枪有合适的位置关系,避开了电弧光直射的干扰。

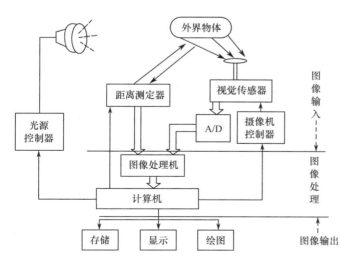

图 4-1 人工视觉系统组成

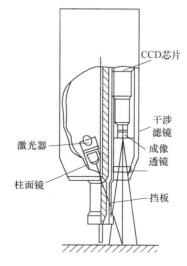

图 4-2 结构光视觉传感器结构图

图 4-3 所示是视觉系统用于焊接机器人定位；图 4-4 所示为具有视觉焊缝对中的弧焊机器人的系统结构。图像传感器直接安装在机器人末端执行器上。焊接过程中，图像传感器对焊缝进行扫描检测，获得焊前区焊缝的截面参数曲线，计算机根据该截面参数计算出焊接头相对焊缝中心线的偏移量 δ，然后发出位移修正指令，调整焊接头位置，直到偏移量 δ＝0 为止。图 4-5 所示为机器人弧焊焊缝的自动跟踪原理图。

在机器人腕部配置视觉传感器，可用于对异形零件进行非接触式测量，如图 4-6 所示，可完成空间几何形状、形体相对位置的检测。

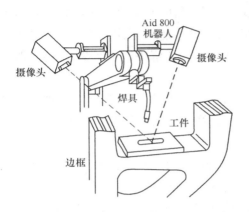

图 4-3 视觉系统用于焊接机器人的定位

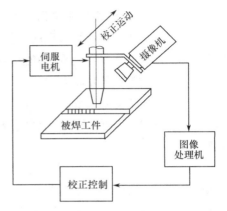

图 4-4 焊缝对中的视觉系统结构

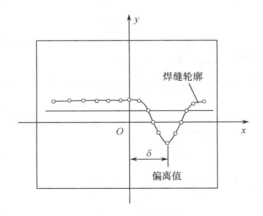

图 4-5 焊接机器人弧焊焊缝的自动跟踪原理图

一、图像处理

1. 图像的预处理

一般地，视觉系统获取的图像（原始图像）由于受到种种条件限制和随机干扰，往往包含着各种各样的噪声和畸变，因而不能在视觉系统中直接使用，必须在进行图像分析和识别前进行灰度校正、噪声过滤等图像预处理，从而去掉这些使图像质量劣化的因素，并对信息微弱的图像进行增强，使图像变得更容易观看或使图像中的有用信息更容易提取。为方便进行分析还需要强化图像中所需要的特征，衰弱不需要的特征。图像预处理方法主要包括图

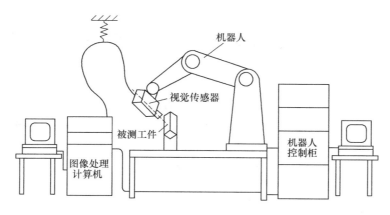

图 4-6 视觉系统在非接触式测量中的应用图

像增强、对比度增强和平滑处理。

2. 图像分割

同一幅图像中可能存在多个物体,为了识别各个物体的质心,需要对图像进行分割。图像分割通过像素间的相似性和跳跃性,将图像分成多个区域进行处理。根据分割使用的主要特征,图像分割技术可分为以下 3 种。

(1) 基于阈值的分割算法

基于阈值的分割算法是一种最常见的区域分割技术,阈值是用于区分不同目标的灰度值。在图像只有目标和背景的情况下,只需选取单阈值分割,将图像中每个像素的灰度值和阈值比较,灰度值大于阈值的像素和灰度值小于阈值的像素分别归类。如果图像中有多个目标,就需要选取多个阈值将各个目标分开,这种方法称为多阈值分割。阈值分割的结果依赖于阈值的选取,确定阈值是阈值分割的关键。

(2) 基于边缘的分割算法

基于边缘的分割算法是利用不同区域间像素灰度不连续的特点检测出区域间的边缘,从而实现图像分割。边界的像素灰度值变化往往比较剧烈。首先检测图像中的边缘点,再按一定策略连接成轮廓,从而构成分割区域。

(3) 基于区域特性的分割算法

基于区域特性的分割算法是通过分析图像的特性,如灰度、纹理、形状,选取其中最明显的特性将图像进行分区,再对不同的小区域应用此特性进一步分割。该方法对噪声具有一定的抗干扰能力,基于区域的分割算法的缺点是区域特性的选取比较困难,选取不当对分割结果影响很大,并且容易产生过分割现象。

基于边缘的分割方法对边界定义的准确度要求较高,不容易产生封闭的区域轮廓;基于区域的分割算法对区域特性的选择有很高要求,而且容易产生图像过分割现象,所以本书中采用算法简便、运行速度较快的阈值分割算法。

阈值分割通过阈值的设定将目标和背景分割开,常用的阈值分割为二值化分割。二值化分割的基本出发点是将图像中的目标和背景看成是以阈值为分割点的两部分集合。图像经过采样量化后,可以用矩阵 $F(j,k)$ 来表达数字图像。设 Z 是图像 $F(j,k)$ 的任意灰度级集合,Z_f 和 Z_b 为任意选定的目标灰度级和背景灰度级,则阈值法图像分割的基本原理如式(4-1)所示:

$$g(j,k)=\begin{cases} Z_f & F(j,k)\in Z \\ Z_b & \text{其他} \end{cases} \quad (4-1)$$

其中,$g(j,k)$ 为在选取阈值区间分割后的图像。针对不同处理对象,可分别选用以下定义式,各定义式分割原理如图 4-7 所示。

$$g(j,k)=\begin{cases} 1 & F(j,k)\geqslant T \\ 0 & \text{其他} \end{cases} \quad (4-2)$$

$$g(j,k)=\begin{cases} 1 & F(j,k)\leqslant T \\ 0 & \text{其他} \end{cases} \quad (4-3)$$

$$g(j,k)=\begin{cases} 1 & T_1\leqslant F(j,k)\leqslant T_2 \\ 0 & \text{其他} \end{cases} \quad (4-4)$$

式中,T,T_1,T_2 均为图像处理时选取的阈值。

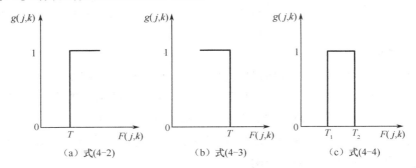

图 4-7 二值化分割原理

通过选择合适的阈值将图像中的物体与背景区分开来,进而得到物体的轮廓。

3. 质心求取

目标的定位需要求取物体的质心,一般采用矩描述子的方式计算质量均匀分布物体的质心。矩描述子是通过对轮廓上所有点进行积分运算而得到的特征,可用于二值或灰度级的区域描述,对于数字图像 $f(x,y)$,通常我们定义轮廓的 $(p\times q)$ 阶矩为

$$m_{pq}=\sum_{i=1}^{n}\sum_{j=1}^{n}f(x,y)x^p y^q \quad (4-5)$$

式中,$p,q=0,1,2,\cdots$。

用 $(\overline{x},\overline{y})$ 表示区域质量中心坐标,有:

$$\begin{cases} \overline{x}=\dfrac{m_{10}}{m_{00}} \\ \overline{y}=\dfrac{m_{01}}{m_{00}} \end{cases} \quad (4-6)$$

式中，$m_{00} = \sum_{i=1}^{n}\sum_{j=1}^{n}f(x,y)$；$m_{10} = \sum_{i=1}^{n}\sum_{j=1}^{n}xf(x,y)$；$m_{01} = \sum_{i=1}^{n}\sum_{j=1}^{n}yf(x,y)$。

我们选择通过计算轮廓的最小外接矩形来获取物体的矢量信息。先计算出轮廓的最小外接矩形的边与图像水平轴的夹角，再利用几何关系求得物体的质心，轮廓最小外接矩形的计算原理如图4-8所示。

图4-8中，L和W表示物体轮廓的外接矩形的长和宽，θ定义为图像水平坐标轴逆时针旋转与第一条矩形边相交所成的夹角。在求得轮廓的最小外接矩形的4个顶点坐标p_1,p_2,p_3,p_4的基础上，通过几何关系，求出的矩形的质心即可近似为物体的质心，进而得到物体的矢量信息。

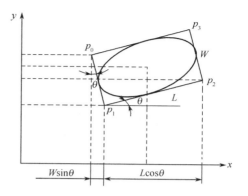

图4-8 轮廓最小外接矩形的计算原理

二、视觉测量

工业机器人视觉测量系统对关键尺寸进行在线实时监测，及时调整动作幅度和角度，可有效控制产品质量的稳定性。

1. 工业机器人测量系统的工作原理

图4-9为应用于工业机器人的测量系统工作原理示意图。图中共存在4个坐标系，分别为机器人基础坐标系$O_R X_R Y_R Z_R$、机器人末端关节坐标系$O_H X_H Y_H Z_H$、工件坐标系$O_W X_W Y_W Z_W$和视觉传感器坐标系$O_C X_C Y_C Z_C$。视觉测量结果为被测点P在工件坐标系$O_W X_W Y_W Z_W$下的坐标P_W，即

$$P_W = A_{WR} \times A_{RH} \times A_{HE} \times P_C \tag{4-7}$$

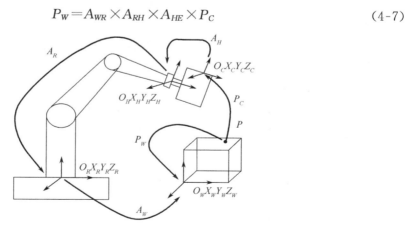

图4-9 工业机器人的测量系统工作原理

式(4-7)中，P_C为被测点P在视觉传感器测量坐标系下的坐标值；A_{HE}为机器人手眼关系，即机器人末端关节坐标系到视觉传感器测量坐标系的齐次坐标变换关系，一旦传感器安装到末端关节上就保持不变；A_{WR}为机器人基础坐标系到装置坐标系的齐次坐标变换关系，

工位安装完成后同样为定值；A_{RH}为机器人末端关节坐标系到机器人基础坐标系的齐次坐标变换关系，即

$$A_R^H = \prod_{i=1}^{N} A_i^{i-1} \tag{4-8}$$

式(4-8)中，A_i^{i-1}表示$\{i-1\}$坐标系到i坐标系的齐次坐标变换矩阵，在测量过程中会受到温度变化和关节松动变形的影响。

2. D-H视觉定位误差模型

假设每个关节都存在连杆参数偏差，那么传感器坐标系相对于机器人基础坐标系的变换为

$$A_R^H + dA_R^H = \prod_{i=1}^{N}(A_i^{i-1} + dA_i^{i-1}) \times A_H^E \tag{4-9}$$

结合变换微分可以推导出末端关节相对于机器人基础坐标系的位置偏差为

$$dA_{B[1:3,4]}^E = \sum_{i=1}^{N}(A_0^i A_{qi} A_i^N A_H^E dq_i)_{[1:3,4]} \tag{4-10}$$

其中，

$$A_{qi} = (A_i^{i-1})^{-1}\frac{\partial A_i^{i-1}}{\partial q_i} \tag{4-11}$$

表示第i个关节的连杆参数q_i,a_i,d_i。下角标$[1:3,4]$表示取对应矩阵第4列的1至3行。

任务二　机器人的接近觉传感器应用

接近觉传感器通常只有二值输出，它表明在一规定的距离范围内是否有物体存在。一般地说，接近觉传感器主要用于物体抓取或避障这类近距离工作的场合。

一、电磁感应传感器

这种传感器的原理可用图4-10解释。电磁感应传感器的结构原理如图4-10(a)所示，其组成部分包括放在一简单框架内的永久磁铁以及靠近该磁铁的绕制线圈。当传感器接近一铁磁体时，将引起永久磁铁的磁力线形状发生变化，具体情形如图4-10(b)和图4-10(c)所示。在静止状态下，没有磁通量的变化，因此在线圈中没有感应电流。但当铁磁体靠近或远离磁场时，所引起的磁通量的变化将感应一个电流脉冲，其幅值和形状正比于磁通量的变化率。

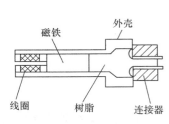
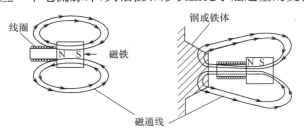

（a）电磁感应传感器的结构原理　　（b）未出现铁磁体时磁力线形状　　（c）当铁磁体接近传感器时磁力线形状

图4-10　电磁感应传感器原理图

二、霍尔传感器

霍尔效应指的是磁场中的导体或半导体材料两点间会产生电压,霍尔传感器便是利用霍尔效应制得的。当霍尔传感器本身单独使用时,只能检测有磁性物体。然而,当它与永久磁体以图 4-11 所示的结构形式联合使用时,可以用来检测所有的铁磁物体。在这种情况下,若在传感器附近没有铁磁物体(见图 4-11(a)),则霍尔效应器件受到一个强磁场;当一铁磁物体靠近该器件时,由于磁力线被铁磁物体旁路(见图 4-8(b)),传感器所受的磁场将减弱。

霍尔传感器的工作依赖于作用在磁场中运动的带电粒子上的洛仑兹力。该力作用在由带电粒子的运动方向和磁场方向所形成平面的垂直轴线上,即洛仑兹力可表示为

$$F=q(v\times B)$$

式中,q 为电荷;v 为速度矢量;B 为磁场矢量;"×"表示矢量的叉乘。假定电流通过置于磁场中的掺杂 N 型半导体,如图 4-11(b)所示,由于在 N 型半导体中的电子是多数载流子,因此电流方向应与电子运动方向相反。由此可知,作用在载有负电荷的运动粒子上的力将具有图 4-12 所示的方向。这个力作用在电子上,使得电子汇集在物体的底部,因此在物体上产生一电压,顶部为正。若将铁磁体靠近这个半导体与磁铁组成器件,将会使磁场强度降低,从而使洛仑兹力下降,半导体两端的电压也减小。这种电压的降低是霍尔传感器感知接近程度的关键。对传感器设置一电压阈值,便可作出是否有物体存在的二值判定。

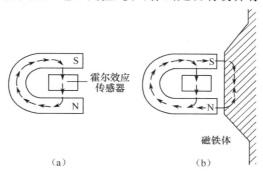

图 4-11 霍尔传感器与永久磁体组合使用的工作原理

使用半导体(如硅)有若干优点,例如体积小、耐用、抗电气干扰性好等。此外,使用半导体材料可以把用于放大和检测的电路直接集成在传感器上,减小传感器的体积,降低成本。

三、超声波传感器

超声波传感器将使得对材料的依赖性大为降低,如图 4-13 所示为用于接近觉的一种典型超声波传感器的结构,其基本元件是电声变换器。这种变换器通常是压电陶瓷型变换器。树脂层用来保护变换器不受潮湿、灰尘以及其他环境因素的影响,同时也起声阻抗匹配器的作用。由于同一变换器通常既用于发射又用于接收,因此,被检测物体距离很小时,需要使声能很快衰减。使用消声器和消除变换器与壳体耦合,可以达到这一目的。壳体应设计成能形成一狭窄的声束,以实现有效的能量传送和信号定向。

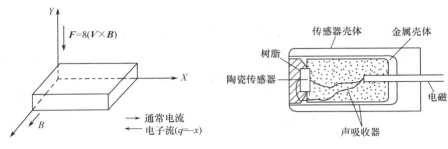

图 4-12　霍尔电压的产生　　　　图 4-13　超声接近觉传感器

1. 位差超声波传感器硬件设计

采用"MCU+传感器+显示设备+执行机构"的总体设计方案,要求 MCU 对非接触式传感器获取的外部距离信息进行计算转换,将得出的智能机器人与前方障碍物的距离值送到显示设备显示,并根据程序设定的距离阈值控制智能机器人实现自动导航功能,系统硬件框图如图 4-14 所示。

其中,系统 MCU 采用目前性价比较高的 AT89C51 单片机,利用"位差超声波传感器"作为距离传感器,以非接触的形式测量前方物体的距离;显示设备采用 LCD1602 液晶显示模块;执行机构采用 PARALLAX 公司生产的连续旋转伺服电机,其优点是编程控制方便且不需额外增加驱动电路。位差超声波传感器测距的工作原理如图 4-15 所示。

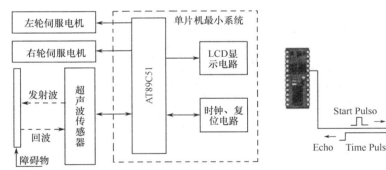

图 4-14　位差超声波传感器系统硬件框图　　　图 4-15　位差超声波传感器测距的
　　　　　　　　　　　　　　　　　　　　　　　　　　工作原理示意图

超声波传感器与单片机系统进行连接构成距离检测的硬件系统,在系统软件的控制下,单片机向位差超声波传感器发送一个触发脉冲,位差超声波传感器在此脉冲触发后会产生一道短 40kHz 的脉冲电信号,此 40kHz 的脉冲电信号通过激励换能器处理以后,将转换成机械振动的能量,其振动频率约在 20kHz 以上,由此形成了超声波,该信号经锥形"辐射口"处将超声波信号在空气中以每秒约 1130in 的速度向外发射出去。当发射出去的超声波信号遇到障碍物以后,立即被反射回来。接收器接收到反射回来的超声波信号后,通过其内部转换,将超声波变成微弱的电振荡,并将信号进行放大,就可得到所需的脉冲信号,此脉冲信号再返回给单片机,表示回波被探测,这个脉冲宽度就是对应于爆裂回声返回到传感器所需时间,其时序如图 4-16 所示。

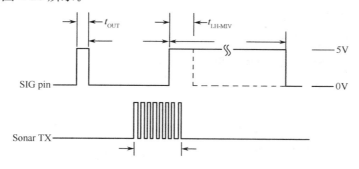

图 4-16 位差超声波传感器工作时序图

2. 位差超声波传感器软件设计

（1）测距子程序设计

根据位差超声波传感器的时序原理图,对 C51 单片机内部定时/计数器编程,实现对前方物体距离的测量并将测量结果在 LCD 模块上显示。测距子程序的基本设计算法,用流程图表示如图 4-17 所示。

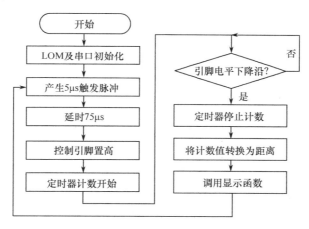

图 4-17 测距子程序流程图

程序设计思路主要分为两步:

① 根据位差超声波传感器的控制时序图（见图 4-16）,启动位差超声波距离传感器,即通过单片机编程,给超声波传感器的信号引脚提供一个持续时间为 $5\mu s$ 的高电平,然后拉低信号引脚 $750\mu s$,这样位差超声波传感器就被启动,发出超声爆裂。与此同时,启动单片机的定时器开始计数,当超声波遇到物体时会立即反射回来,位差超声波传感器的接收器接到回波时,会自动拉低其信号引脚的电平,单片机查询到此引脚的电平下降沿到来时停止定时器计数,此时定时器计数值就间接反应了超声波从反射到返回所经历的时间。

② 读出定时器的计数值除以 2,便得到超声波在遇到被测物体返回的时间,根据"距离=速度×时间"公式,就可以计算出前方物体的距离,因超声波在常温下空气介质中传播的速度大约为 344m/s,即 $29.034\mu s$ 超声波能传播 1cm,具体编程时在程序中用语句 x=

count/29.034 来计算距离值,获得被测距离值后,调用 LCD 显示函数将距离值在 LCD 模块上显示出来。

(2) 超声波导航程序设计

利用位差超声波距离传感器测得的"距离"信息,可以引导智能玩具机器人实现避障行走。当智能玩具机器人距离前面障碍物小于 20cm 时,它会向左或向右拐改变行进方向,避免与物体碰撞。下面简要分析超声波导航程序的基本设计思路,程序设计算法用流程图表示,如图 4-18 所示。

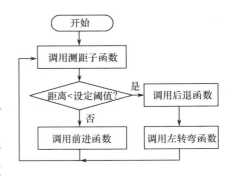

图 4-18 超声波导航程序流程图

程序通过反复调用超声波测距子程序,获取智能机器人与前方被测物体的距离值;判断距离是否在设定阈值以内,若大于程序设定的距离阈值,调用函数 Forward(),驱动智能机器人前进;若小于程序设定的距离阈值,调用函数 Backward(),驱动智能机器人后退一段距离;接着又调用函数 Left_Turn(),驱动智能机器人左拐后程序再返回重复以上过程。

任务三 机器人的触觉和压觉传感器

一、触觉与压觉传感器类型

使用触觉传感器的目的在于获取机械手与工作空间中物体接触的有关信息。例如,触觉信息可用于物体的定位和识别,以及控制机械手加在物体上的力。

1. 触觉与压觉传感器类型

触觉传感器的种类多种多样,它们可以分为两大类:二值传感器和模拟触觉传感器。二值传感器基本上是一个开关,它主要用来指出物体出现与否;而模拟触觉传感器输出的信号正比于局部力。

(1) 二值传感器

图 4-19 所示的传感器由微动开关制成,根据不同的用途可以有不同的配置方式。这类传感器一般用于探测物体的位置、探索路径和安全保护。这类配置属于分散装置,也就是把单个传感器安装在机械手的敏感装置上。

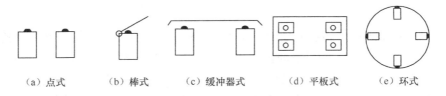

图 4-19 触觉传感器的分布形式

(2) 模拟触觉传感器

模拟触觉传感器是一种柔顺器件,它的输出正比于局部力。图 4-20 所示为这种器件的一种最简单的结构:一个弹簧加力杆与一个转轴相连,由于横向力引起的弹簧位移导致转轴成比例地旋转。转角可用电位器连续测量,或用码盘作数字式测量。根据弹簧的弹性系数,便可求得与位移相应的力。

(3) 触觉阵列传感器(压觉传感器)

触觉阵列传感器能获得比单个传感器更大区域的触觉信息。虽然阵列传感器可由若干单个传感器组成,但处理这一问题的最好方法是构成一个由电极组成的阵列,电极与柔性导电材料(如石墨基物质)保持电器接触,导电材料的电阻随压力而变化。这种器件往往称为人造皮肤,当物体压在其表面上时,将引起局部变形,测出连续的电阻变化,就可测量局部变形。电阻的改变很容易转换成电信号,其幅值正比于施加在材料表面上某一点的力。图 4-21 是由导电橡胶制成的触觉阵列(压觉)传感器的示意图。图 4-21(a)所示结构是由条状的导电橡胶排成网状,每个棒上附一层导体引出,送到扫描电路。图 4-21(b)所示结构则是由单向导电橡胶和印制电路板组成的,电路板上附有条状金属箔,两块板上的金属条方向互相垂直。

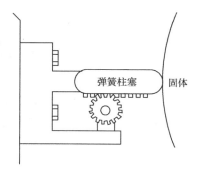

图 4-20 模拟触觉传感器

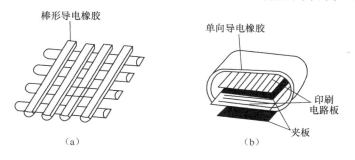

图 4-21 触觉阵列传感器的结构示意图

凡是阵列式传感器,都需要配有矩阵式扫描电路,图 4-22 是这种电路的原理图。比较高级的压觉传感器是在阵列式触点上附一层导电橡胶,并在基板上装有集成电路,压力的变化使各接点间的电阻发生变化,信号通过集成电路处理之后送出。高级分布式触觉传感器的结构原理如图 4-23 所示。

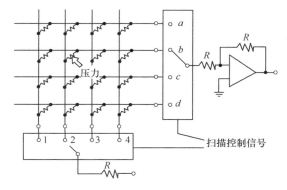

图 4-22 阵列扫描电路原理图

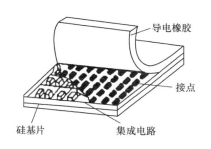

图 4-23 高级分布式触觉(压觉)传感器结构原理图

2. 触觉传感器设计

(1) 电容式触觉传感器设计

目前,触觉传感器按照其敏感材料、感知机理大致可分为六种:机械式、压阻式、电容式、压电式、磁电式和光电式。

① 电容式传感器的工作原理和结构。由绝缘介质分开的两个平行金属板组成的平板电容器,如果不考虑边缘效应,其电容量为

$$C = \frac{\varepsilon S}{d} \tag{4-12}$$

式中,S——电容器极板的面积,m^2;

C——极板间的电容,F;

ε——极板间的介电常数;

d——极板间距,m。

图 4-24 所示为变极距型电容式传感器的原理图。当传感器的 ε 和 S 为常数,初始极距为 d_0 时,可知其初始电容量 C_0 为

$$C_0 = \frac{\varepsilon S}{d} \tag{4-13}$$

若电容器极板间距离由初始值 d_0 缩小了 Δd,电容量增大了 ΔC,则有

$$C = C_0 + \Delta C = \frac{\varepsilon A}{d_0 + \Delta d} = \frac{C_0}{1 - \frac{\Delta d}{d_0}} = \frac{C_0\left[1 + \frac{\Delta d}{d_0}\right]}{1 - \left[\frac{\Delta d}{d_0}\right]^2} \tag{4-14}$$

由式(4-14)可知,传感器的输出关系不是线性关系,而是如图 4-25 所示曲线关系。在式(4-14)中,若 $\Delta d_0 / d_0 \ll 1$,$1 - (\Delta d_0 / d_0)^2 \approx 1$,则式(4-14)可以简化为

$$C = C_0 + C_0 \frac{\Delta d}{d_0} \quad \text{或} \quad \Delta C \approx C_0 \frac{\Delta d}{d_0} \tag{4-15}$$

此时,ΔC 与 Δd 近似正比关系,因此可通过 ΔC 的变化得到极板相对位移 Δd。

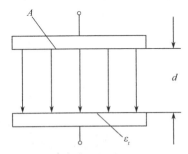

图 4-24 变极距型电容式传感器

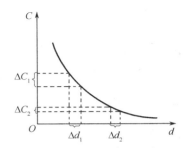

图 4-25 电容量与极板间距离的关系

② 电容式触觉阵列传感器的设计。电容式触觉阵列传感器的原理是通过受力使极板间的相对位移发生变化,从而使电容发生变化,通过检测电容变化量来测量受力的大小。为了感觉更加细小单元的力,触觉阵列传感器采用垂直交叉电极的形式,即阵列形式,可以减

少引线的数目,通过对电容阵列传感器的行、列扫描来确定受力点的位置。电容式触觉阵列传感器的结构如图 4-26 所示。它是一个 8×8 电容式触觉阵列传感器,采用了三层结构。上层是带有条形导电橡胶电极的硅橡胶层,其厚度为 0.3mm,条形硅导电橡胶电极的宽度为 2mm,间隙为 0.5mm,它们决定了触觉阵列传感器的空间分辨能力。导电橡胶与绝缘的硅橡胶基体是由特殊工艺,按设计要求制成的整体橡胶薄膜,具有很好的弹性及力学性能。中层用聚胺酯泡沫做介质,下层是带有电容器条形下极板的印制电路板,电路板中间部分有宽度为 2mm、间距为 0.5mm 的条形铜电极,上下两层电极在空间上垂直排列,同时在电路板的一端有一个 16 脚的针式插座,上下极板的所有引线与此插座相连,传感器以整体进行封装。

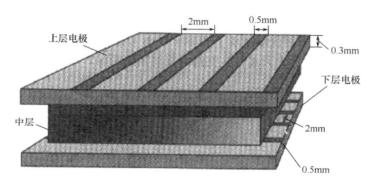

图 4-26 电容式触觉阵列传感器的结构

③ 电容式触觉阵列传感器的测量原理。传感器上下条形电极交叉部分形成的单元电容构成了触觉单元,如图 4-27 所示。为了从电容式触觉阵列传感器单元电容获得电压或电流的输出,必须通过一个能够将电容转化为电压信号的电路。通常电容的测量电路很多,这里采用了运算放大器测量电路,这种电路对于电容值小的电容传感器的检测是合适的,而且能得到较好的线性输出。所设计的电容式触觉阵列传感器,每个电容值较小,简单估算一下,如果触觉传感器极板间距大于 2mm,估算的电容在 10pF 数量级,因此采用运算放大器测量电路进行检测。图 4-28 所示为电容测量的运算放大器电路原理。如果采用理想运算

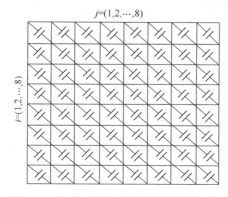

图 4-27 电容式触觉阵列传感的电容阵列

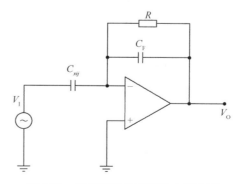

图 4-28 电容测量的运算放大器电路

放大器,触觉传感器的每个电容为 C_{xij},假设其漏电阻 R 无穷大,运算放大器的输入阻抗为无穷大,且其他单元电容对选定测量点无影响。其中,C_F 为反馈电容,则输出电压容易求出:

$$\dot{V}_O = -\dot{V}_I(C_{xij}/C_F) \quad (4\text{-}16)$$

但是实际测量时必须考虑被测单元电容 C_{xij} 的漏电阻 R_{xij},被选通单元的电极与相邻其他单元的相互影响,用等效电容 C_U 表示。此外还要考虑运算放大器的输入阻抗 Z_I,所以实际电容测量的等效电路如图 4-29 所示。设运算放大器对应于频率 ω 时的增益为 G,则根据理想运算放大器电路原理,在运算放大器反相端输入端,各支路电流的和应为零,即

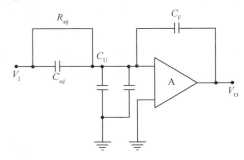

图 4-29 实际电容测量的等效电路

$$\frac{\frac{V_O}{G}-V_I}{Z_{xij}} + \frac{\frac{V_O}{G}}{Z_V} + \frac{\frac{V_O}{G}}{Z_I} + \frac{\frac{V_O}{G}-V_O}{Z_F} = 0 \quad (4\text{-}17)$$

式中,$Z_{xij} = R_{xij}/j\omega R_{xij}C_{xij}+1$,$Z_U = 1/j\omega C_U$,$Z_I = R_I$,$Z_F = 1/j\omega C_F$。

解得

$$V_O = -V_I GR_I \times \frac{j\omega C_{xij}R_{xij}+1}{j\omega C_{xij}R_I(C_F G+C_U-C_F+C_{xij})+R_I+R_{xij}} \quad (4\text{-}18)$$

从式(4-18)可以看出,由于漏电阻 R_{xij} 的存在,使得测量值与理论值(即忽略 R_{xij} 的影响)之间存在误差。同时误差的产生还受到输入信号频率的影响。由公式可看出,输入信号频率越高,越有利于减小漏电阻的影响,因此在实际电路中采用 400kHz 的正弦信号作为电容测量的输入信号,则输入信号频率足够高,那么 C_U 对 V_O 的影响将会减少。假设 G,R_I 为无穷大,可得到输出电压的近似关系为

$$V_O = -V_I \frac{C_{xij}G}{C_F G+C_U-C_F+C_{xij}} \quad (4\text{-}19)$$

当考虑到运算放大器增益达到 200 以上时,C_U 对 V_O 影响将会减少。因此,在测试电路中要采用高增益的运算放大器,以减少这些因素的影响,使测量的线性关系更加明显。

④ 数据采集系统的结构。图 4-30 所示为数据采集系统组成结构图,它主要由电容触觉阵列、电容测量电路、扫描电路、A/D 转换器和计算机数据处理系统等组成。测量是在计算机的控制下,由触觉单元扫描电路完成对被测触觉单元的选择,扫描电路由两片 CD4051 多路模拟转换器组成。被选择的触觉单元电容经过电容电压转换及相应的信号调理电路变成 0~5V 的直流电压信号,再经过 A/D 转换器转化成对应的数字信号存储于计算机 RAM 中,进行扫描检测数据的处理,从而完成触觉信号的获取。进一步的分析均由计算机系统完成。

(2) 光纤式触觉传感器设计

利用光纤外调制机理设计了一种机器人触觉传感器。

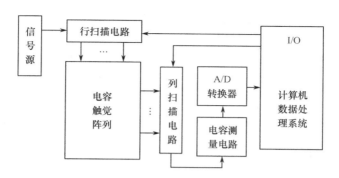

图 4-30 数据采集系统组成结构图

光纤传感器是近年来兴起的一种新型传感元件,通过对光纤内传输的光进行调制,使光的强度(振幅)、相位、频率或偏振态等特性发生变化,通过对被调制过的光信号进行检测从而得出被测量值。光纤传感器具有灵敏度高、抗电磁干扰、耐腐蚀、电绝缘性好、防爆、可挠曲、结构简单、体积小、重量轻、耗电少等优点,它一出现就受到学术界的高度重视,广泛地应用于多种物理量的测量,并很快应用于机器人传感器领域。

如图 4-31 所示是反射式光纤传感器的结构原理图,LED 发出的光经发射光纤射向物体,反射光由接收光纤收集并送到 PIN,接收光强将随反射物体表面与光纤探头端面间的距离变化而变化。设发射光纤和接收光纤的芯径为 $2r$,数值孔径均为 NA,两光纤间的距离为 α,光纤端面到反射面之间的距离为 d。设发射光纤的像发出锥体与接收光纤端面的重叠面积为 A_1,接收光纤芯的端面面积为 A_2,则有

$$\partial = \frac{A_1}{A_2} = \frac{1}{\pi}\left\{\arccos\left[1-\frac{\delta}{r}\right] - \left[1-\frac{\delta}{r}\right]\sin(arc)\left[1-\frac{\delta}{r}\right]\right\} \quad (4-20)$$

式中,δ 为光锥底与接收光纤芯端面重叠扇面的高,$\delta = 2dT - \alpha$,$T = \tan(\arcsin NA)$。

当反射镜面无光吸收时,两光纤的光功率耦合效率 F 为

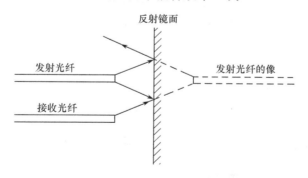

图 4-31 反射式光纤传感器原理图

$$F = \alpha \cdot \frac{\delta}{r} \frac{r^2}{(2dT)^2} \quad (4-21)$$

由公式(4-21)可以看出,在平面反射镜的情况下,光功率的耦合效率 F 和 d 之间近似成二次曲线的关系。在设计传感器时一般都使之工作在曲线的上升段或下降段,使 F 和 d

之间具有单调的关系,曲线的位置与形状与光纤的芯径及光纤间的距离有关。为了增强耦合将发射光纤和接收光纤紧扎在一起。

触觉传感器如图 4-32 所示,图 4-32(a)是滑觉传感器的基座,通过螺钉与机械手爪的一侧手指固定。图 4-32(b)是滑觉传感器的触头部分,采用开有横槽的筒状结构,从而使触头在轴向和径向都有一定的弹性,以此来感觉物体的滑动,在触头上有一层橡胶来增加摩擦力,触头部分通过螺纹连接于基座的空腔中。由于光纤以及发光器件和光敏器件都在密封腔内,使用时可以不考虑杂散背景光的影响。

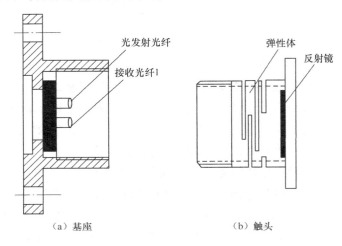

图 4-32 触觉传感器结构图

当有物体与手爪接触产生径向压力(压觉信号)时,反射镜面与光纤端面间的距离发生变化。当物体与手爪有相对滑动(滑觉信号)时,通过物体与触头之间的摩擦力而使触头产生运动,而弹性体产生的弹性力将阻止触头的运动,这样当物体有滑动时,在这两个力的作用下触头发生微小震动,带动反射镜面一起运动,引起镜面对光纤的端面角度的变化,从而导致接收光纤接收的光强发生变化,由此该传感器可以检测压觉和滑觉。

传感器选用的是阶跃光纤,数值孔径 $NA=0.35$,芯径 $r=400\mu m$,发射光纤和接收光纤紧扎在一起。由于激光与各传输模相干涉而产生的散斑会导致较大的噪声甚至不稳定,因此光纤传感器一般采用 LED 为光源。LED 由电流驱动,采用三端可调负输出集成稳压器 LM337 构成的恒流源电路,如图 4-33 所示。此电路可向 LED 提供恒定的驱动电流 I,R_1 一般选用范围为 $2.0\Omega \leqslant R_1 \leqslant 120\Omega$。

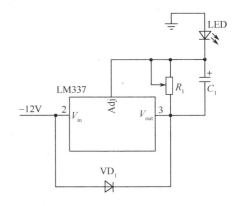

图 4-33 LED 恒流驱动电路

根据所选用的 LED 的性能及传感器的设计要求,确定 $I=45mA$,则

$$R_1 = 1.25V/I = 27.8\Omega$$

R_1 选用阻值为 100Ω 的多圈电位器,由于传感器检测的是动态信号,可通过滤波等方法消除 LED 电流源的长期稳定度对传感器精度的影响。

选用的光纤元件为 PIN 光电二级管。光电二极管的输出阻抗很大,将光电流变成低输出阻抗的电压,采用一般的放大电路会引起阻抗失配而大大削弱输入信号,对微弱信号来讲更严重。为此选用如图 4-34 所示的积分型 I/U 转换电路,其中,C_{FO} 为滤波电容,R_3 应小于 100Ω,否则电路易产生自存电容,应选择漏电流小的聚酯薄膜电容;ICL7650 是斩波自稳零超低漂移运算放大器,它利用动态校零原理消除了 MOS 器件固有的失调和漂移,其失调电压和漂移仅几个 μV,对微弱信号来讲是理想的运算放大器。此放大电路的增益最高可达 2000 倍,经试验测试放大器的输出噪声电压峰值不大于 3mV,能够满足使用要求。ICL7650 所需的 $\pm 6V$ 电源由 LM317 和 LM337 两片集成稳压块构成的稳压电源提供。

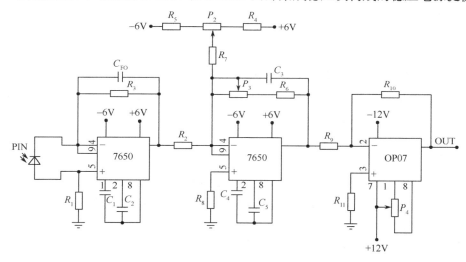

图 4-34 积分型 I/U 转换电路

二、力和力矩传感器

力和力矩传感器主要用于测量机械装配过程中在接触面处产生的反作用力。这种测量的主要原理是在关节中使用力和力矩传感器,测量出作用在机器人关节上的力和力矩的直角坐标分量,并将各分量合成矢量。对于直流电机驱动的关节,通过测量转子电流便可简单地实现关节检测。

1. **六维力和力矩传感器**

多传感器智能机器人主要组成如图 4-35 所示。图中的多传感器灵巧手配置的传感器属于新一代的 DLR 机器人传感器,这些传感器是基于所有模拟处理和数字运算操作,各个传感器是在机器人手腕完成后研制的,传感器的预处理、预放大、数字补偿等都集成在手爪本体内,是一个高度智能化、集成化的传感器系统。手爪上安装有 15 个传感器,分别为 9 个激光测距传感器、2 个触觉传感器阵列、1 个微型 CCD 摄像机、1 个手指驱动器、1 个基于应变片测量的刚性六维力/力矩传感器、1个基于光电原理的柔性六维力传感器。

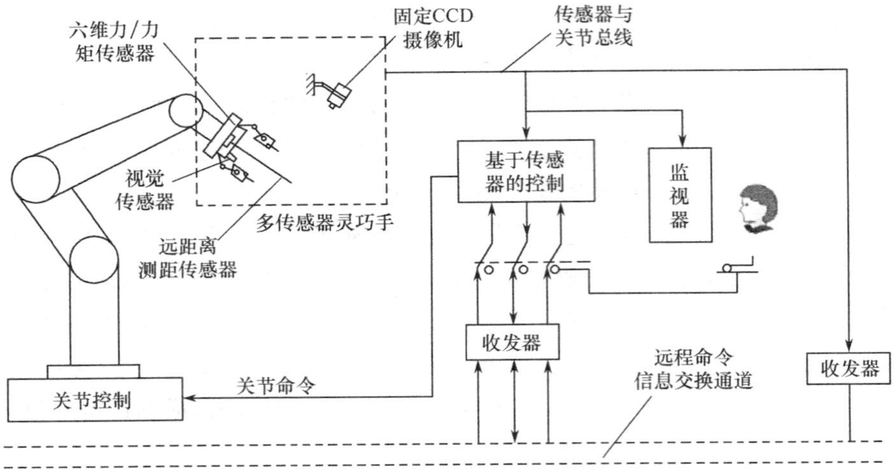

图 4-35 多传感器智能机器人

六维力传感器是一种能够同时检测空间内三维力信息和三维力矩信息的一类力传感器。可用于监测方向和大小不断变化的力，使机器人能够完成力/位置控制、轮廓跟踪、轴孔配合、双臂协调等复杂的操作任务。随着技术的发展，六维力传感器已广泛用于国防科技和工业生产等各个领域。

在六维力传感器的设计中，敏感元件的形式和布置很大程度上决定了传感器性能的优劣，不仅影响到精度、灵敏度、线性度、刚度等性能指标，而且传感器的结构也受到不同应用场合的限制。现有的六维力传感器的结构主要有竖梁式、横梁式、复合梁式、圆筒式、圆柱式和 Stewart 并联结构等。

早在 1975 年，美国的 Watson 等设计了一种采用三根垂直筋作为变形元件的六维力传感器，如图 4-36 所示。传感器的上下两个圆环之间均布三个内外表面贴有应变片的垂直筋，分别检测垂直筋的拉伸和剪切应变。该传感器具有承载能力强、结构简单、抗冲击性能好等优点，但也存在灵敏度低、维间耦合严重等不足。

同年，美国的 Folchi 等发明了一种积木式结构的六维力传感器。该传感器的组成单元为一系列积木式的工字梁模块，每个模块上均有应变片，通过模块之间的组合可实现六维力的无耦合测量。由于该结构采用大量模块组合而成，其加工精度和装配精度对其测量精度影响很大，滞后和积累误差也较大，使实用性变得很小。1982 年，德国的 Schott 提出一种双环形六维力传感器，如图 4-37 所示。传感器的两个圆环之间分布八根应变梁，贴有八组应变片组成电桥。该传感器具有维间干扰小的特点，但同时因结构导致了刚度与灵敏度的矛盾难以协调的问题。

1983 年，美国 Stanford 研究所设计了用于风洞测力实验的筒形六维力传感器。该传感器由一铝筒经铣削加工而成，圆筒上分布有 4 根水平梁和 4 根竖直梁，每个梁的两侧贴有应变片（一片用于温度补偿）构成半桥电路以实现测量。这种装置长 81mm，外径 76mm，壁

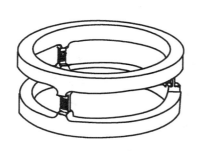 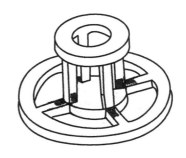

图 4-36　三垂直筋结构　　　图 4-37　双环形复合梁结构

厚 4.6mm。有 8 个具有 4 个取向的窄梁，其中 4 个窄梁的长轴在 Z 方向，其余 4 个的轴垂直 Z 方向。一对应变片由 R_1 和 R_2 表示一个取向，使得由后者中心通过前者中心的矢量沿正 X,Y 或 Z 方向。该传感器具有良好的线性度和重复性、滞后较小、对温度有补偿作用等优点，但由于结构复杂，因此加工难度大。机器人六维力和力矩传感器如图 4-38 所示。

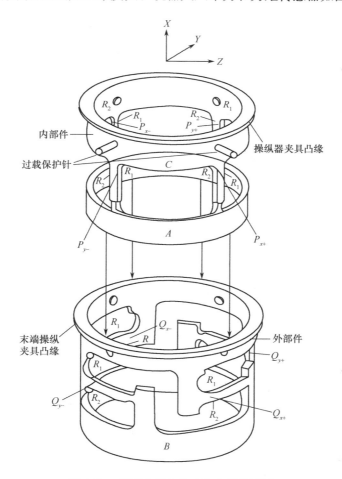

图 4-38　机器人用六维力和力矩传感器

韩国的 Kim 采用十字梁结构开发了六维力传感器,并将其应用于智能机器人手指和脚底,如图 4-39 所示。

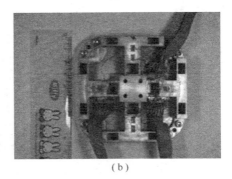

图 4-39　Kim 的六维力传感器

2. 腕力传感器

腕力传感器通常比较小巧、灵敏、质量轻(约 340g)、结构紧凑,直径约 16cm,厚度约 3cm,动态范围可达 90kg。为了减小滞后和提高测量精度,传感器由 1 整块金属(通常为铝)制成。图 4-40 所示是这种传感器的原理图。4 个变形杆上安装了 8 对半导体应变片,也就是在变形杆的每面各有 1 个应变片。将变形杆相对端面上的应变片以差动方式连接,便可以对温度变化进行自动补偿。不过这仅是一种简单的一阶补偿。由于 8 对应变片分别垂直于力坐标系的 X,Y 和 Z 轴,因此,将输出电压适当相加或相减,可求得力 F 的 3 个分量及力矩 M 的 3 个分量。这一过程可以通过将传感器输出左乘传感器标定矩阵来完成。

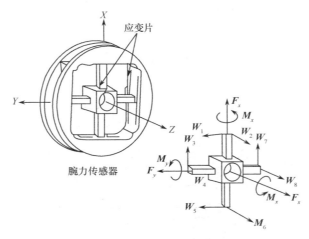

图 4-40　腕力传感器原理图

三、滑觉传感器

机器人手爪在夹持一个不知属性的物体时,如果夹持力过大就有可能引起被夹持物体的损坏,夹持力不足物体则会从手爪中滑脱。在运动过程中这个问题就更为复杂,因为随着运动速度的改变，物体的惯性力也发生变化。当夹持力不足以克服物体重力和惯性力的作用时，物体就会从手爪中脱出。这些情况都是不允许的。

图 4-41(a)所示为一种滚轮式滑觉传感器，它通过对滑动的检测和信号反馈可使手爪始终保持适当的夹持力，以保证安全可靠地夹紧。它的结构原理是在一侧的夹持面凹槽中安置了一个圆柱滚轮状的测头。当手爪处于松开状态时，滚轮表面突出夹持面约 1mm。由于滚轮测头是安装在弹簧板支撑上，所以手爪夹紧时把滚轮压下，滚轮表面即与被夹持物体保持接触。一旦被夹持物体在手爪中出现滑动，圆柱滚轮将产生相应的角位移。装在滚轮中间的光电码盘发出反馈信号，控制系统随即调整夹持力阻止滑动，以保证可靠的夹持。

滚轮表面贴有高摩擦因数的弹性物质，一般用橡胶薄膜，如图 4-18(b)所示，板形弹簧将滚轮固定，可以使滚轮与物体紧密接触，并使滚轮不产生纵向位移。滚轮内部装有发光二极管和光电三极管，通过圆盘形光栅把信号转变为脉冲信号。

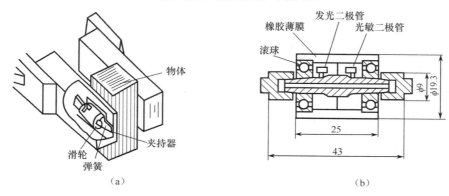

图 4-41 柱形滚轮式滑觉传感器

滚轮式滑觉传感器只能检测一个方向的滑动，球形滑觉传感器如图 4-42 所示，由一个金属球和触针组成，金属球表面分成许多个相间排列的导电和绝缘小格。触针很细，每次只能触及一格。当工件滑动时，金属球也随着转动，在触针上输出脉冲信号。脉冲信号的频率反映了滑移速度，脉冲信号的个数对应滑移的距离。接触头面积球面上露出的导体面积，通过使接触面积很小，提高检测灵敏度。球与被握物体相接处，无论滑动方向如何，只要球一转动，传感器就会产生脉冲输出。

以上结构的弱点是各向滑动检测灵敏度相差很多。因此，人们又设计了各种"全方位式"滑觉传感器。图 4-43 所示为石英晶体全方位式滑觉传感器，它的工作原理与电唱机拾音头相似。固定在弹簧片上的宝石触针露出手爪夹持面，当工件夹紧时宝石触针受压缩进，弹簧片压在石英晶体片上。当工件在手爪夹持平面任意方向有微小滑移时，石英晶体都会有感觉信号输出。

图 4-44 是利用光学原理的滑动觉传感器。测量滑动觉的滚轮是靠片簧(薄形踏青铜片制成)支撑在机器人手爪掌面内部的轴承上滚轮的安装位置，必须要求当手爪张开(呈握持松开位置)时，滚轮的外圆周表面必须高出手爪握持表面约 1mm。当手爪闭合握持物体时，

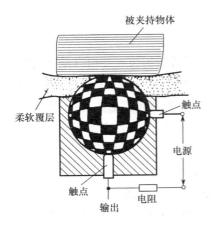
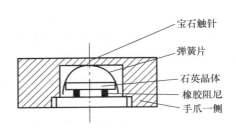

图 4-42　球型滑觉传感器　　　　图 4-43　石英晶体全方位式滑觉传感器

由于滚轮缩回到手爪握持表面内,片簧就呈挠曲状态,此时物体就被整个手爪表面握住。在滚轮表面贴有橡胶筋膜,目的是能使滚轮灵敏转动。欲测得滚轮旋转位移时,利用装在滚轮内开有 30 条细线的圆板(或称光栅板)与光电传感器,可以得到与滑动位移量相对应的电压信号(脉冲信号)。如增加手爪抓握面的面积,则这种触觉装置还可用来测量出滑动觉。但是,如被抓握物体的滑动方向不同,则滑动测量的灵敏度就会降低。在上述用磷青铜薄片制成的片簧表面上粘贴应变片,还可用来测量抓握力。

图 4-45 是利用电磁式输入元件的滑动觉传感器。此种传感器的测量头部具有用钢球嵌入的测点并有不受测点滑动方向限制的特点。因此,该传感器用于测量某些受到空间位置限制的场合是很有效的。

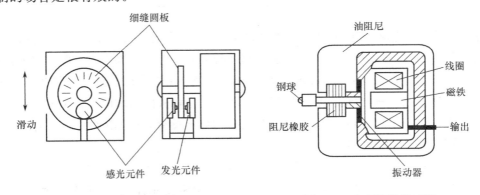

图 4-44　光学式滑觉传感器　　　　图 4-45　电磁滑觉传感器

任务四　位置及位移传感器应用

位置感觉和位移感觉是机器人最起码的感觉要求,没有它们,机器人将不能正常工作。它们可以通过多种传感器来实现。常用的机器人位置、位移传感器有电位器式位移传感器、电容式位移传感器、电感式位移传感器、光电式位移传感器、霍尔元件位移传感器、磁栅式位移传感器以及机械式位移传感器等。机器人各关节和连杆的运动定位精度要求、重复精度要求以及运动范围要求,是选择机器人位置传感器和位移传感器的基本依据。

一、电位器式位移传感器

电位器式位移传感器由 1 个线绕电阻(或薄膜电阻)和 1 个滑动触点组成。其中,滑动触点通过机械装置受被检测量的控制。当被检测的位移量发生变化时,滑动触点也发生位移。改变了滑动触点与电位器各端之间的电阻值和输出电压值,根据这种输出电压值的变化,可以检测出机器人各关节的位置和位移量。

电位器式位移传感器具有很多优点。它的输入输出特性(输入位移量与输出电压量之间的关系)可以是线性的,也可以根据需要选择其他任意函数关系的输入/输出特性;它的输出信号选择范围大,只需改变电阻器两端的基准电压,就可以得到比较小的或比较大的输出电压信号。这种位移传感器不会因为失电而破坏其已感觉到的信息。当电源因故断开时,电位器的滑动触点将保持原来的位移不变,只需电源重新接通,原有的位置信息就会重新出现。另外,它还具有性能稳定、结构简单、尺寸小、质量轻、精度高等优点。电位器式位移传感器的一个主要缺点是容易磨损。由于滑动触点和电阻器表面的磨损,使电位器的可靠性和寿命受到一定的影响。正因如此,电位器式位移传感器在机器人上的应用受到了极大的限制,近年来随着光电编码器价格的降低而逐渐被淘汰。

按照电位器式位移传感器的结构,可以把它分成两大类:一类是直线型电位器,另一类是旋转型电位器。直线型电位器主要用于检测直线位移,其电阻器采用直线型螺线管或直线型碳膜电阻,滑动触点也只能沿电阻的轴线方向做直线运动。直线型电位器的工作范围和分辨率受电阻器长度的限制。线绕电阻、电阻丝本身的不均匀性会造成电位器式传感器的输入/输出关系的非线性。旋转型电位器的电阻元件是呈圆弧状的,滑动触点也只能在电阻元件上做圆周运动。旋转型电位器有单圈电位器和多圈电位器两种。由于滑动触点等的限制,单圈电位器的工作范围只能小于 360°,分辨率也有一定限制。对于多数应用情况来说,这些并不会妨碍它的使用。假如需要更高的分辨率和更大的工作范围,可以选用多圈电位器。

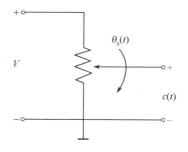

图 4-46 电位器式测试电路

图 4-46 所示为一种典型的电位器式测试电路。当输入电压 V 加在电位器的两个输入端时,电位器的输出信号 $f(z)$ 与滑动触点的位置成比例。

二、光电编码器

光电编码器是一种应用广泛的位置传感器,其分辨率完全能满足机器人的技术要求。这种非接触型传感器可分为绝对型和相对型。前者只要有电源加到这种传感器的机电系统中,编码器就能给出实际的线性或旋转位置。因此,用绝对型编码器装备的机器人的关节不要求校准,只要一通电,控制器就知道实际的关节位置。相对型编码器只能提供某基准点对应的位置信息。所以,用相对型编码器的机器人在获得真实位置信息以前,必须首先完成校准程序。

1. 绝对型光电编码器

对于绝对型编码器,即使电源中断也能正确地给出角度位置。绝对型编码器产生供每种轴用的独立的和单值的码字。它不像相对型编码器,每个读数都与前面的读数无关。绝对型编码器最大的优点是系统电源中断时,器件记录发生中断的地点,当电源恢复时把记录情况通知系统。采用这类编码器的机器人,即使电源中断导致旋转部件的位置移动,校准仍保持。

绝对型编码器通常由 3 个主要元件构成:多路(或通道)光源(如发光二极管);光敏元件;光电码盘。

n 个 LED 组成的线性阵列发射的光与盘成直角,并由盘反面对应的 2 个光敏晶体管构成的线性阵列接收,如图 4-47 所示。光电码盘分为周界通道和径向扇形面,利用几种可能的编码形式之一获得绝对角度信息。这种码盘上按一定的编码方式刻有透明和不透明的区域,光线透过码盘的透明区域,使光敏元件导通,产生低电平信号,代表二进制的"0";不透明的区域代表二进制的"1"。因此,当某一个径向扇形面处于光源和光传感器的位置时,光敏元件即接收到相应的光信号,相应地得出码盘所处的角度位置。4 通道 16 个扇形面的纯二进制码盘如图 4-48 所示,盘旋转一周为 360°,并有 16 个扇形面,故盘的分辨率为 22.5°(360°/16)。若阴影部分表示二进制的"1",明亮部分表示二进制的"0",那么 4 个光敏元件的每个输出表示"1"和"0"的四位。例如,若扇形面 11 是在 LED 区域,则光敏晶体管的输出是二进制的 1011 或十进制的 11。因此,通过读出光电编码器输出,便可简单地知道绝对盘的位置。

对于 13 个独立通道(13 位)的绝对型编码器,盘旋转一周能获得高达 $360°/2^{13}=0.044°$ 分辨率。由于该码盘需要分为若干个通道和若干个扇形面,因此加工较困难。与相对型光电编码器相比,该编码器成本高 4~5 倍。

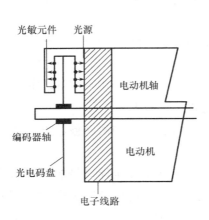

图 4-47 电动机上的绝对型编码器

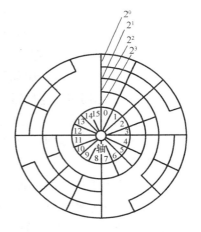

图 4-48 绝对编码器的码盘

2. 相对型光电编码器

与绝对型光电编码器一样,相对型光电编码器也是由前述 3 个主要元件构成,两者的工作原理基本相同,所不同的是后者的光源只有一路或两路,光电码盘一般只刻有一圈或两圈透明和不透明区域。当光透过码盘时,光敏元件导通,产生低电平信号,代表二进制的"0";不透明的区域代表二进制的"1"。因此,这种编码器只能通过计算脉冲个数来得到输入轴所转过的相对角度。

由于相对型光电编码器的码盘加工相对容易,因此其成本比绝对型编码器低,而分辨率高。然而,只有使机器人首先完成校准操作以后才能获得绝对位置信息。通常,这不是很大的缺点,因为这样的操作一般只在加上电源后才能完成。若在操作过程中电源意外地消失,由于相对型编码器没有"记忆"功能,故必须再次完成校准。

编码器的分辨率通常由径向线数 n 来确定。这意味着编码器能分辨的角度位置等于 $360°/n$。典型的有 100,128,200,256,500,512,1000,1024 和 2048 线分辨率的编码器。

习题四

1. 工业机器人的视觉系统由哪些部分组成?各部分有什么作用?
2. 工业机器人的滑觉传感器有哪些?试举例说明滑觉传感器的应用。
3. 什么是机器人内部信息传感器?什么是机器人外部信息传感器?
4. 常用的非接触式位置传感器有哪些?
5. 分别说明增量式和绝对量式光电码盘的工作原理。
6. 说明 CCD 视觉传感器的工作原理。
7. 触觉传感器的类型有哪几种?说明各自的工作原理。
8. 实用的触觉传感器有哪些?
9. 试说明超声波测距的基本原理。

项目五　搬运竞赛机器人应用

教学导航

教	知识重点	1. 传感器性能检测 2. 传感器信号处理电路设计与制作 3. 电机性能测试 4. 机器人动力元件的选择与使用 5. 功率放大电路的设计与制作 6. 机器人控制程序的编写
	知识难点	机器人控制程序的编写
	推荐教学方式	现场演示与实操指导
	建议学时	20～24学时
学	推荐学习方法	学做合一
	必须掌握的理论知识	传感器基本理论、电机控制基本理论、电子技术基本知识、单片机原理及应用
做	必须掌握的技能	竞赛机器人的制作与程序设计

任务一　红外避障传感器

一、任务要求

(1) 利用所学电子技术相关知识制作一个红外避障电路

① 制作一个红外避障电路。

② 熟悉电路原理图和相关的 PCB 板制作知识。

③ 熟悉任务中所使用的元器件,能够在 PCB 板上根据电路图搭建出实际电路。

④ 选择所需的电子元器件,在制作好的 PCB 板上正确焊接好电路。

⑤ 制作完成后能够实现对障碍物的检测,能够通过调节可调电阻阻值来调节探测范围。

(2) 电路参数检测及故障排除

利用示波器、万用表等工具,对电路的相关技术参数进行检测,熟悉排除故障的基本方法。

二、任务原理介绍

1. 红外探测电路制作

图 5-1 所示为红外避障传感器的电路原理图。38kHz 的控制信号由 J_1 端口的第四脚

引入,通过 NPN 型三极管组成的开关电路,三极管集电极电流驱动红外发射管 EL—1L$_1$(图 5-1 中 L$_1$)主动发射红外线,红外线遇到物体发生反射,由红外接收管 HS0038B 接收。整个过程类似探测雷达,如果前方遇到障碍物,OUT 脚输出低电平,否则输出高电平。工作电压(V_{CC}):3.8~5.5V;工作电流(V_{CC}=5V):典型电流为 6mA。

输入/输出信号(4 线)端口定义如下。

J$_1$:1,V_{CC} 2—3,GND 4,IN;

J$_2$:1,GND 2,OUTPUT。

其中,V_{CC} 是电源,V_{CC} 的范围是 3.8~5.5V,IN 是信号(输入 38kHz 方波)。

通过调节可调电位器的阻值,调节避障传感的距离探测范围在 3~100cm 之间,与具体的反射物体的颜色、形状、材质有关。其中黑色物体探测距离最小,白色物体最大,小面积物体探测距离小,大面积物体探测距离大。电路板上有一个红色 LED(L$_2$),探测到障碍时发光,OUT 输出持续低电平,无障碍时 OUT 输出持续高电平。障碍探测时间(有效探测范围内从无障碍目标到出现障碍,或者有障碍到障碍目标消失)不超过 21ms。

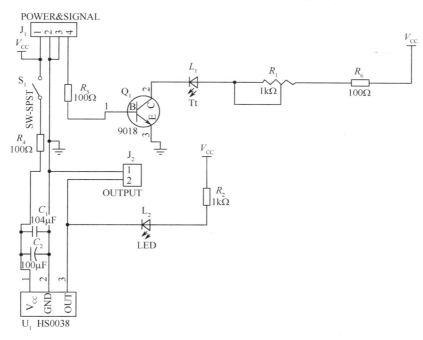

图 5-1 红外避障电路原理图

红外接收管 HS0038B 是一种用于红外遥控接收或其他方面的一体化接收头,中心频率为 38kHz,管脚如图 5-2 所示,原理框图如图 5-3 所示。由于其内部带有解调电路,其只对 38kHz 左右的红外信号较为敏感,有利于消除外部杂散光的干扰影响,这对于机器人避障或者定位非常有利,在机器人竞赛或者是自动线检测障碍物中都应用非常广泛。

2. 红外控制信号

控制信号是 38kHz 的方波,目前输出方波的方式有:555 多谐振荡电路法、单片机输出

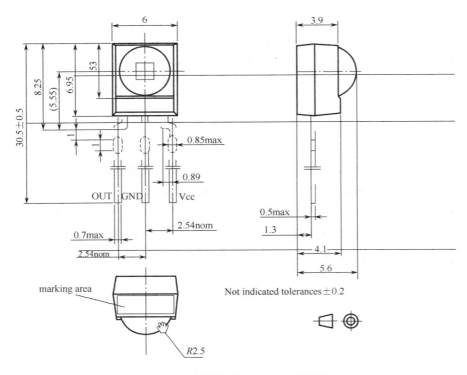

图 5-2 红外接收管 HS0038B 管脚图

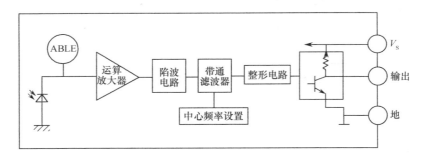

图 5-3 HS0038B 原理框图

法、由运放通过积分加反馈制作、ICL8038 制作等多种方式。鉴于机器人制作需要信号稳定可靠,电路简单,目前采用多谐振荡电路制作和单片机输出方波的方式来得到控制,如图 5-4 所示。

(1) 555 定时器多谐振荡电路发射 38kHz 方波

多谐振荡器的工作波形如图 5-5 所示,电路接通电源的瞬间,由于电容 C_2 来不及充电,$V_{C_2}=0\text{V}$,所以 555 定时器状态为 1,输出 V_O 为高电平。同时,集电极输出端(7 脚)对地断开,电源 V_{CC} 对电容 C_2 充电,电路进入暂稳态Ⅰ;当电容 C_2 充电到 $2/3V_{CC}$ 时,此时,集电极输出端(7 脚)对地导通,电容 C_2 通过电阻 R_2 进行放电,一直到电压 $\leqslant 1/3V_{CC}$;此时电路发生翻转,输出电压重新为高电平,电路周而复始地重复该过程,产生周期性的输出脉冲。多谐

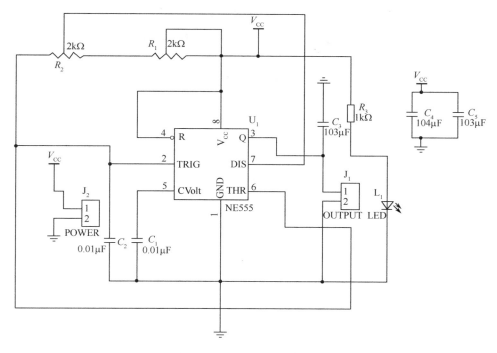

图 5-4 占空比和周期可调的多谐振荡电路

振荡器两个暂稳态的维持时间取决于 RC 充、放电回路的参数。暂稳态 I 的维持时间,即输出 V_O 的正向脉冲宽度 $T_1 \approx 0.7(R_1+R_2)C$;暂稳态 II 的维持时间,即输出 V_O 的负向脉冲宽度 $T_2 \approx 0.7R_2C$。其中,暂稳态公式 T_1 中的 R_1 指的是调阻的左半部分,R_2 指的是调阻的总阻值,T_2 中的 R_2 指的是调阻 R_2 的左部分的阻值。通过调节调阻 R_1 和 R_2 的阻值可以调节输出脉冲的频率和占空比,而针对红外避障传感器则是要调节信号的频率到 38kHz 左右。

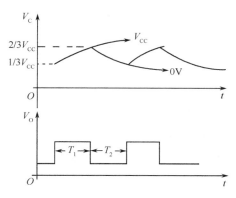

图 5-5 多谐振荡器的工作波形

(2) 单片机发射 38kHz 方波

应用单片机引脚发出 38kHz 的方波是机器人竞赛时常用的方法。其主要利用单片机的定时器中断的方法,首先给定时器赋一个初值,一旦定时器溢出产生中断时,改变引脚的电平,使得单片机输出一个周期性方波信号。其参考程序如下:

```
#include<reg52.h>
    sbit pwm=P1^0;              //38kHz 输出信号引脚
//定时器初始化
void Time0_init()
{
    TMOD=0x01;                  //定时器 0 工作方式 1
    IE=0x82;                    //开定时器中断
    TH0=0xff;                   //12MHz 晶振,给定时器赋初值
    TL0=0xe6;    TR0=1;
}
//定时器 0 中断程序
void Time0() interrupt 1
{
    TH0=0xff;
    TL0=0xe6;
    if(count<jd)                //判断 0.5ms 次数是否小于角度标识
        pwm=1;                  //是,pwm 输出高电平
    else
        pwm=0;                  //否,输出低电平
}
void main()
{
    count=0;
    Time0_init();
    while(1)
    {   Function();             //其他待执行的任务
    }
}
```

3. 红外避障传感器在机器人中的应用

红外避障传感器不仅能用于避障检测,还能够用于工件的准确定位,图 5-6 所示为参加机器人竞赛时设计开发的一种球形物体检测定位的传感器。其中,1 为红外发射管,对称分布在红外接收管的两侧;中间为红外接收管 HS0038B;3 为遮光板,主要目的是遮挡外部光线,最大限度消除外部杂散光的干扰;5 为固定支架,起着将所有部件连接到一起的作用;4 为状态指示灯,供调试时显示偏离目标物体的状态。

图 5-7 所示为单片机控制原理图。单片机的 P1.0 和 P1.1 引脚作为信号发送端子,提供 38kHz 的脉冲信号控制红外发射管 TR_1 和 TR_2 发射红外线;P1.2 引脚用于将红外接收

管的输出电平信号接入单片机；P1.3、P1.4、P1.5引脚用于控制三个发光二极管，根据接受管的信号状态指示偏离位置。

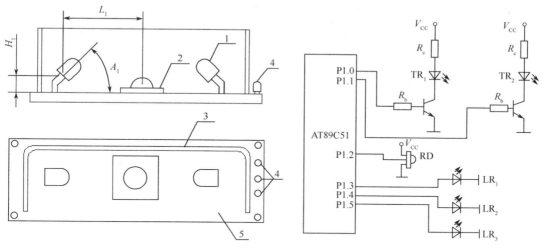

图 5-6　红外定位传感器　　　　　图 5-7　单片机控制原理图

图 5-8 所示为红外定位传感器在定位中的几种可能姿态，状态 1 为距离圆柱形物体的距离正好的情况；状态 2 为正对但是距离偏远的情况；状态 3 为左偏，但是偏离程度较小的情况；状态 4 为左偏，偏离程度非常大的情况；状态 5 为右偏，但是偏离程度较小的情况；状态 6 为右偏，偏离程度非常大的情况。红外接收管接收到红外信号时，输出端状态为高电平"1"，没有接收到信号时输出状态为低电平"0"。红外发射管左管首先发射信号，等待一段时

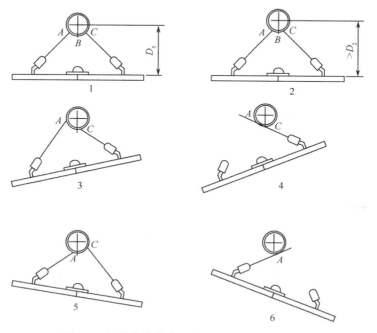

图 5-8　红外定位传感器在定位中的几种姿态

间后,读取红外接收管的信号状态,完成后由红外发射管右管发射信号,等待再读取红外接收管的信号状态。对于状态 1 的情况,两次读取红外接收管的信号为"11",状态 2 的信号为"00",状态 3 为"01",状态 4 为"00",状态 5 为"10",状态 6 为"00"。由于定位装置装在机器人身上,机器人本身带有巡线传感器,一般情况下 4 和 6 两种定位姿态基本不可能发生。所以,最后单片机根据读取的信号可以把情况区分为:正对、左偏、右偏、远离。所以,可以根据这几种情况控制发光二极管的亮灭状态。

图 5-9 所示为红外定位传感器检测球形物体时正对的情况。球状物体的定位需求比圆柱形物体需要更为精确,不但需要正对,距离要在合适位置,还需要红外接收管的中心与球心在同一水平上。

图 5-10 所示为红外避障传感器在机器人小车上的安装。红外避障传感器 7 安装在机器人的前端,与巡线传感器 8 和 9 平行,平行安装的主要目的是利用巡线传感器的定位防止过度偏离目标物体的情况发生,6 为机器人本体。

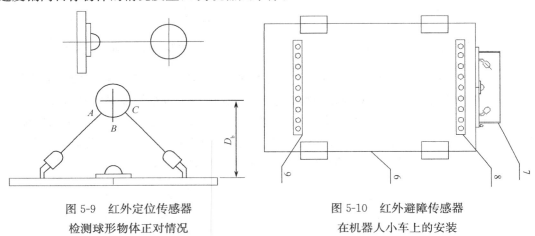

图 5-9　红外定位传感器
检测球形物体正对情况

图 5-10　红外避障传感器
在机器人小车上的安装

三、考核要求

1. 撰写任务实训报告

制作结束后,学生按要求,结合实习心得体会,写出实训报告(详细记录实训全过程),特别要注意下面几个内容:

(1) 距离远近和调阻阻值大小关系。
(2) 障碍物颜色和探测远近的关系。
(3) 障碍物的形状和探测效果的关系。
(4) 接收装置和发射装置的安放方法不同引起的差异。

2. 任务评定

由指导教师根据学生完成硬件制作的情况及调试结果并结合学生实训中的表现和实训报告评定成绩。

任务二 TMS230 颜色检测传感器的基本原理及测试

一、任务要求

（1）掌握 TMS230 颜色检测传感器的工作原理。

（2）根据传感器工作原理，改变控制端信号，测试 TMS230 颜色检测传感器的颜色检测功能。

二、任务原理介绍

1. 颜色传感器简介

目前，颜色传感器通常是在独立的光电二极管上覆盖经过修正的红、绿、蓝滤光片，然后对输出信号进行相应的处理，才能将颜色信号识别出来；有的将两者集合起来，但是输出模拟信号，需要一个 A/D 电路进行采样，对该信号进一步处理，才能进行识别，增加了电路的复杂性，并且存在较大的识别误差，影响了识别的效果。TAOS(Texas Advanced Optoelectronic Solutions)公司最新推出的颜色传感器 TCS230，不仅能够实现颜色的识别与检测，与以前的颜色传感器相比，还具有许多优良的新特性。

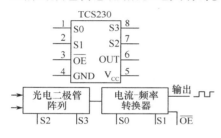

图 5-11 TCS230 的引脚和功能框图

2. TMS230 颜色检测传感器

TCS230 是 TAOS 公司推出的可编程彩色光到频率的转换器。它把可配置的硅光电二极管与电流频率转换器集成在一个单一的 CMOS 电路上，同时在单一芯片上集成了红绿蓝（RGB）三种滤光器，是业界第一个有数字兼容接口的 RGB 彩色传感器。TCS230 的输出信号是数字量，可以驱动标准的 TTL 或 CMOS 逻辑输入，因此可直接与微处理器或其他逻辑电路相连接。由于输出的是数字量，并且能够实现每个彩色信道 10 位以上的转换精度，因而不再需要 A/D 转换电路，使电路变得更简单。

图 5-11 是 TCS230 的引脚和功能框图。S0，S1 用于选择输出比例因子或电源关断模式；S2，S3 用于选择滤波器的类型；$\overline{OE}$ 是频率输出使能引脚，可以控制输出的状态，当有多个芯片引脚共用微处理器的输入引脚时，也可以作为片选信号；OUT 是频率输出引脚，GND 是芯片的接地引脚；V_{CC} 为芯片提供工作电压。表 5-1 是 S0，S1 及 S2，S3 的可用组合。

表 5-1 S0，S1 及 S2，S3 的组合选项

S0	S1	输出频率定标	S2	S3	滤波器类型
L	L	关断电源	L	L	红色
L	H	20%	L	H	蓝色
H	L	20%	H	L	无
H	H	100%	H	H	绿色

3. TCS230 识别颜色的原理

由上文的介绍可知，这种可编程的彩色光到频率转换器适合于色度计测量应用领域，如

彩色打印、医疗诊断、计算机彩色监视器校准以及油漆、纺织品、化妆品和印刷材料的生产过程控制和色彩配合。下面以 TCS230 在液体颜色识别中的应用为例,介绍它的具体使用。首先了解一些光与颜色的知识。

(1) 三原色的感应原理

通常所看到的物体颜色,实际上是物体表面吸收了照射到它上面的白光中的一部分有色成分,而反射出的另一部分有色光在人眼中的反应。白色是由各种频率的可见光混合在一起构成的,也就是说白光中包含着各种颜色的色光(如红 R,黄 Y,绿 G,青 V,蓝 B,紫 P)。根据德国物理学家赫姆霍兹(Helinholtz)的三原色理论可知,各种颜色是由不同比例的三原色(红、绿、蓝)混合而成的。

(2) TCS230 识别颜色的原理

由三原色感应原理可知,如果知道构成各种颜色的三原色的值,就能够知道所测试物体的颜色。对于 TCS230 来说,当选定一个颜色滤波器时,它只允许某种特定的原色通过,阻止其他原色的通过。例如,当选择红色滤波器时,入射光中只有红色可以通过,蓝色和绿色都被阻止,这样就可以得到红色光的光强;同理,选择其他的滤波器,就可以得到蓝色光和绿色光的光强。通过这三个值,就可以分析投射到 TCS230 传感器上的光的颜色。

(3) 白平衡和颜色识别原理

白平衡就是告诉系统什么是白色。从理论上讲,白色是由等量的红色、绿色和蓝色混合而成的;但实际上,白色中的三原色并不完全相等,并且对于 TCS230 的光传感器来说,它对这三种基本色的敏感性是不相同的,导致 TCS230 的 RGB 输出并不相等,因此在测试前必须进行白平衡调整,使得 TCS230 对所检测的"白色"中的三原色是相等的。进行白平衡调整是为后续的颜色识别作准备。在本装置中,白平衡调整的具体步骤和方法如下:将空的试管放置在传感器的上方,试管的上方放置一个白色的光源,使入射光能够穿过试管照射到 TCS230 上;根据前面所介绍的方法,依次选通红色、绿色和蓝色滤波器,分别测得红色、绿色和蓝色的值,然后就可计算出需要的 3 个调整参数。

当用 TCS230 识别颜色时,就用这 3 个参数对所测颜色的 R,G 和 B 进行调整。这里有两种方法来计算调整参数:①依次选通三种颜色的滤波器,然后对 TCS230 的输出脉冲依次进行计数。当计数到 255 时停止计数,分别计算每个通道所用的时间。这些时间对应于实际测试时 TCS230 每种滤波器所采用的时间基准,在这段时间内所测得的脉冲数就是所对应的 R,G 和 B 的值。②设置定时器为一固定时间(例如 10ms),然后选通三种颜色的滤波器,计算这段时间内 TCS230 的输出脉冲数,计算出一个比例因子,通过这个比例因子可以把这些脉冲数变为 255。在实际测试时,使用同样的时间进行计数,把测得的脉冲数再乘以求得的比例因子,然后就可以得到所对应的 R,G 和 B 的值。

三、考核要求

1. 撰写任务实训报告

测试结束后,学生按要求,结合实训心得体会,写出实训报告(详细记录实训全过程)。

2. 任务评定

由指导教师根据学生完成硬件制作的情况及调试结果并结合学生实训中的表现和实训报告评定成绩。

 任务三 TCS230 颜色传感器颜色检测应用

一、任务要求

（1）能够正确连接单片机和 TCS230 传感器的基本接口电路。
（2）能够应用单片机结合 TCS230 传感器综合编程，进行颜色检测。

二、任务原理介绍

1. 电路原理图

采用 89C51 和 TCS230 设计一个颜色识别装置。该装置具有结构简单、识别精度和效率高的特点，电路图如图 5-12 所示。单片机用于控制两个颜色传感器进行颜色检测，颜色检测信号进入单片机内部后，由单片机进行颜色判断，获得结果后控制 LCD 显示检测结果。采用两个颜色传感器的目的是用两个传感器获得的检测结果，进行对比分析和平均值滤波处理。

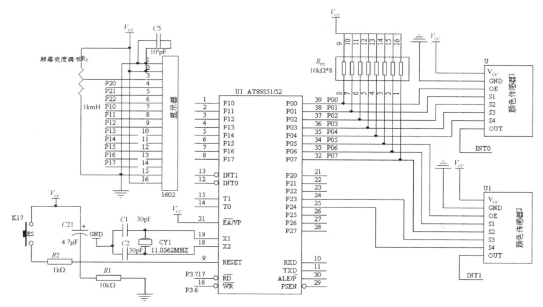

图 5-12 颜色识别装置电路

2. 参考程序

实训程序

```
//*********************************************
// 颜色传感器程序
//*********************************************
```

```c
#include<reg52.h>
#include<intrins.h>
#define Data    P0              //LCD8 位数据端口
#define Data_out    P1
sbit RS = P2^6;                 //LCD 的三个命令端口
sbit RW = P2^5;
sbit E  = P2^4;
sbit exter_1=P3^3;
sbit exter_0=P3^2;
char data tab0[16]="Color:            ";
char data tab1[16]="Pwm:              ";
unsigned int time=0,time0=0,flg_0=0,flg_1=0;
unsigned int count_C=0,count_C0=0;
//*********************微秒延时函数**************************
void DelayUs(unsigned char us)    //delay us
{
  unsigned char uscnt;
  uscnt=us>>1;                    /*12MHz 频率*/
  while(--uscnt);
}
//*********************毫秒函数声明**************************
void DelayMs(unsigned char ms)
{
   while(--ms)
    {
       DelayUs(250);
       DelayUs(250);
       DelayUs(250);
       DelayUs(250);
    }
}
//*********************写入命令函数**************************
void WriteCommand(unsigned char c)
{
  DelayMs(5);              //操作前短暂延时,保证信号稳定
  E=0;
  RS=0;
  RW=0;
  _nop_();
```

```
  E=1;
  Data=c;
  E=0;
}
//************************写入数据函数************************
void WriteData(unsigned char c)
{
  DelayMs(5);                  //操作前短暂延时,保证信号稳定
  E=0;
  RS=1;
  RW=0;
  _nop_();
  E=1;
  Data=c;
  E=0;
  RS=0;
}
//************************写入显示数组************************
void WriteString(unsigned char s,char *ptr)
{
  unsigned char i;
  if(s==1)   WriteCommand(0x80);
  else       WriteCommand(0xc0);
  for(i=0;i<16;i++)
  {
    WriteData(*(ptr+i));
  }
}
//************************初始化************************
void InitLcd()
{
 DelayMs(15);
 WriteCommand(0x38);
 WriteCommand(0x38);
 WriteCommand(0x38);
 WriteCommand(0x38);
 WriteCommand(0x38);
 WriteCommand(0x38);           //多次重复是为了稳定显示模式
 WriteCommand(0x06);
```

```
    WriteCommand(0x06);                    // 显示光标移动位置
    WriteCommand(0x0c);
    WriteCommand(0x0c);                    // 打开液晶显示器并设置当前光标设置
    WriteCommand(0x01);
    WriteCommand(0x01);                    // 显示清屏
}
/******************************************************************/
/*                延时函数                                         */
/******************************************************************/
void delay(unsigned int cnt)
{
 while(--cnt);
}
/******************************************************************/
/*                检测颜色的主程序                                 */
/******************************************************************/
void view()
{
        while(exter_1==0);
        while(exter_1==1);
        while(exter_1==0)
           {    TH1=0x00;                   //定时器赋初值
            TL1=0x00;
            TR1=1;
            }
        while(exter_1==1);
        TR1=0;
        time=TH1*256+TL1;
        tab1[6]=time/1000+0x30;
        tab1[7]=time%1000/100+0x30;
        tab1[8]=time%1000%100/10+0x30;
        tab1[9]=time%1000%100%10+0x30;
        WriteString(2,tab1);                //频率检测显示
        WriteString(1,tab0);                //颜色检测显示
        count_C=time;
        while(exter_0==0);
        while(exter_0==1);
        while(exter_0==0)
            {
```

```
            TH0=0x00;                              //定时器赋初值
            TL0=0x00;
            TR0=1;
        }
    while(exter_0==1);
    TR0=0;
    time0=TH0*256+TL0;
    tab1[11]=time0/1000+0x30;
    tab1[12]=time0%1000/100+0x30;
    tab1[13]=time0%1000%100/10+0x30;
    tab1[14]=time0%1000%100%10+0x30;
    WriteString(2,tab1);                           //频率检测显示
    WriteString(1,tab0);                           //颜色检测显示
    count_C0=time0;
//*************************************************************
//定时1
//*************************************************************
        if((count_C>=163)&&(count_C<=20000))      {

            WriteString(1,tab0);                   //颜色检测显示
            tab0[6]=0x67;
            tab0[7]=0x72;
            tab0[8]=0x65;
            tab0[9]=0x65;
            tab0[10]=0x6e;
            // Data_out=0x01;                       //绿
            flg_0=0;             }
//*************************************************************
        if((count_C>=73)&&(count_C<163))
        {
            WriteString(1,tab0);                   //颜色检测显示
            tab0[6]=0x72;
            tab0[7]=0x65;
            tab0[8]=0x67;
            tab0[9]=0x2e;
            tab0[10]=0x2e;
            //Data_out=0x08;                        //红
            flg_0=1;             }
//*************************************************************
```

```
            if((count_C>=0)&&(count_C<73))
        {
                WriteString(1,tab0);                //颜色检测显示
                tab0[6]=0x77;
                tab0[7]=0x68;
                tab0[8]=0x69;
                tab0[9]=0x74;
                tab0[10]=0x65;
                // Data_out=0x04;                   //白
                flg_0=0;
        }
//**************************************************************
//定时0
//**************************************************************
        if((count_C0>=163)&&(count_C0<=20000))
        {
                WriteString(1,tab0);                //颜色检测显示
                tab0[11]=0x67;
                tab0[12]=0x72;
                tab0[13]=0x65;
                tab0[14]=0x65;
                tab0[15]=0x6e;
                Data_out=0x01;                      //绿
                flg_1=0;
        }


//**************************************************************
        if((count_C0>=73)&&(count_C0<163))
        {
                WriteString(1,tab0);                //颜色检测显示
                tab0[11]=0x72;
                tab0[12]=0x65;
                tab0[13]=0x67;
                tab0[14]=0x2e;
                tab0[15]=0x2e;
                Data_out=0x08;                      //红
                flg_1=1;
        }
//**************************************************************
```

```c
        if((count_C0>=0)&&(count_C0<73))
        {
            WriteString(1,tab0);                //颜色检测显示
            tab0[11]=0x77;
            tab0[12]=0x68;
            tab0[13]=0x69;
            tab0[14]=0x74;
            tab0[15]=0x65;
            Data_out=0x04;                      //白
            flg_1=0;
        }
}
/******************************************************************/
/*                        主函数                                   */
/******************************************************************/
void main()
{   unsigned int p;        InitLcd();
    DelayMs(2);                                 //使 LCD 系统稳定

    WriteString(2,tab1);                        //频率检测显示
    WriteString(1,tab0);                        //颜色检测显示
    tab1[4]=0x4c;
    TMOD=0x99;
    Data_out=0x00;
    while(1)
    {
      view();
      if((flg_0==1)&&(flg_1==1))
      {
        DelayMs(160);
        for(p=0;p<=200;p++);
        view();
        if((flg_0==1)&&(flg_1==1))
        {
          flg_0=flg_1=0;
          Data_out=0xff;                        //红
          tab1[4]=0x48;
        }
      }
```

```
            else
            {
              Data_out=0x00;
                tab1[4]=0x4c;
            }
    }
}
/*******************************************************************/
/*            定时中断子程序                                        */
/*******************************************************************/
void timer1() interrupt 3
    {
        TH1=0x00;                           //定时器赋初值
        TL1=0x00;
    }

void timer0() interrupt 1
    {
        TH0=0x00;                           //定时器赋初值
        TL0=0x00;
    }
```

三、考核要求

1. 撰写任务实训报告

制作结束后,学生按要求,结合实习心得体会,写出任务实训报告(详细记录实训全过程),特别要注意下面几个内容:

(1) 传感器距目标物体距离远近对探测结果的影响。

(2) 障碍物的形状对探测效果的影响。

(3) 接收装置和发射装置的安放方法不同引起的差异。

2. 任务评定

由指导教师根据学生的完成硬件制作的情况及调试结果并结合学生实训中的表现和实训报告评定成绩。

任务四 超声波传感器工作原理及其测试

一、任务要求

(1) 掌握超声波传感器的工作原理。

(2) 熟悉超声波传感器 HC—SR04 基本工作原理。

二、任务原理介绍

1. 超声波传感器

超声波是一种振动频率高于声波的机械波,由换能晶片在电压激励下发出振动产生的,它具有频率高、波长短、绕射现象小等特点,其振动主要有两种形式:横向振荡(横波)及纵向振荡(纵波)。在工业应用中主要采用纵向振荡。超声波可以在气体、液体及固体中传播,其传播速度不同。另外,它也有折射和反射现象,并且在传播过程中有衰减。在空气中传播超声波,其频率较低,一般为几十 kHz,而在固体、液体中则频率较高。在空气中衰减较快,而在液体及固体中传播,衰减较慢,传播较远。利用超声波特性,可做成各种超声传感器,配上不同电路,制成各种超声测量仪器及装置,在通信、医疗家电等各方面得到广泛应用。

超声波传感器主要材料有压电晶体(电致伸缩)及镍铁铝合金(磁致伸缩)两类。电致伸缩的材料有锆钛酸铅(PZT)等。压电晶体组成的超声波传感器是一种可逆传感器,它可以将电能转变成机械振荡而产生超声波,同时它接收到超声波时,也能转变成电能,所以它可以分成发送器或接收器。有的超声波传感器既作发送器,也能作接收器。这里仅介绍小型超声波传感器,发送与接收略有差别,它适用于在空气中传播,工作频率一般为 23~25kHz 及 40~45kHz。这类传感器适用于测距、遥控、防盗等用途,主要有 T/R—40—60,T/R—40—12(其中,T 表示发送,R 表示接收,40 表示频率为 40kHz,16 及 12 表示其外径尺寸,以毫米计)等型号。另有一种密封式超声波传感器(MA40EI 型),它的特点是具有防水功能(但不能放入水中),可以作料位及接近开关用,性能较好。超声波应用有三种基本类型,透射型用于遥控器、防盗报警器、自动门、接近开关等;分离式反射型用于测距、液位或料位;反射型用于材料探伤、测厚等。本任务中主要介绍超声波测距应用。

图 5-13 HC—SR04 超声波测距模块

2. HC—SR04 基本工作原理

HC—SR04 超声波测距模块可提供 2~400 的非接触式距离感测功能,测距精度可达高到 3mm;模块包括超声波发射器、接收器与控制电路,如图 5-13 所示。

基本工作原理:

(1) 采用 I/O 口 TRIG 触发测距,给出至少 $10\mu s$ 的高电平信号;

(2) 模块自动发送 8 个 40kHz 的方波,自动检测是否有信号返回;

(3) 有信号返回,通过 I/O 口 ECHO 输出一个高电平,高电平持续的时间就是超声波从发射到返回的时间。

测试距离=(高电平时间*声速(340m/s))/2。

本模块使用方法简单,一个控制口发一个 $10\mu s$ 以上的高电平,就可以在接收口等待高电平输出。一有输出就可以开定时器计时,当此口变为低电平时就可以读定时器的值,此时就为此次测距的时间,这样就可算出距离。如此不断地周期测量,即可以得到移动测量的值。

工作时序图如图 5-14 所示,触发信号为 10μs 以上的 TTL 高电平,模块内部发出 8 个 40kHz 的脉冲信号,ECHO 端为输出回响信号,利用该特点可以检测传感器的性能好坏。

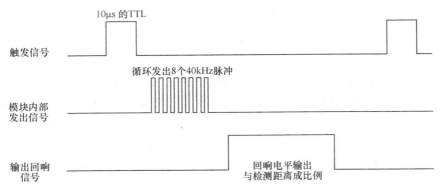

图 5-14 工作时序图

三、考核要求

1. 撰写任务实训报告

制作结束后,学生按要求,结合实训心得体会,写出任务实训报告(详细记录实训全过程),特别要注意下面几个内容:

(1) 超声波传感器的盲区是多少。

(2) 障碍物的形状和探测效果的关系。

(3) 超声传感器的安放位置不同引起的差异。

2. 任务评定

由指导教师根据学生完成硬件制作的情况及调试结果,并结合学生实训中的表现和实训报告评定成绩。

 任务五 超声波测距应用

一、任务要求

(1) 掌握 HC—SR04 超声波测距模块应用电路的连接。

(2) 熟悉利用 HC—SR04 超声波测距模块进行测距编程。

二、任务原理介绍

1. 电路连接

电路连接框图如图 5-15 所示,单片机作为控制芯片,本项目选用 STC89C52RC,超声波发射和接收端分解接至 HC—SR04 的触发端(trig)和接收端(echo),显示器件可选用 4 段数码管显示,也可以选择液晶显示。

2. 编程提示

利用 HC—SR04 超声波测距模块测距较为简单,只需定时给 HC—SR04 超声波测距模

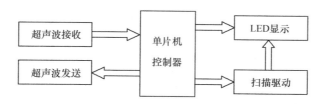

图 5-15 电路连接框图

块提供一个触发信号,然后测试回响信号的高电平时间,进行运算,即可得到距离,利用显示模块进行显示。需要注意程序编写对精度的影响,可以采用平均值滤波法来提高测量精度。

三、考核要求

1. 撰写任务实训报告

制作结束后,学生按要求,结合实训心得体会,写出任务实训报告(详细记录实训全过程)。

2. 任务评定

由指导教师根据学生完成硬件制作的情况及调试结果并结合学生实训中的表现和实训报告评定成绩。

任务六　直流电机及驱动

一、任务要求

(1) 掌握直流电机的工作原理。

(2) 熟悉直流电机的驱动方式。

二、任务原理介绍

1. 直流电机类型

直流电机可按其结构、工作原理和用途等进行分类,其中根据直流电机的用途可分为直流发电机(将机械能转化为直流电能)、直流电动机(将直流电能转化为机械能)、直流测速发电机(将机械信号转换为电信号)、直流伺服电动机(将控制信号转换为机械信号)。下面以直流电动机作为研究对象。

2. 直流电机结构

直流电动机又称直流电机,由定子和转子两部分组成。在定子上装有磁极(电磁式直流电机磁极由绕在定子上的磁绕提供),其转子由硅钢片叠压而成,转子外圆有槽,槽内嵌有电枢绕组,绕组通过换向器和电刷引出,直流电机结构如图 5-16 所示。

3. 直流电机工作原理

直流电机电路模型如图 5-17 所示,磁极 N 和 S 间装着一个可以转动的铁磁圆柱体,圆柱体的表面上固定着一个线圈 abcd。当线圈中流过电流时,线圈受到电磁力作用,从而产生旋转。根据左手定则可知,当流过线圈中电流改变方向时,线圈的受力方向也将改变,因此通过改变线圈电路的方向实现改变电机的方向。

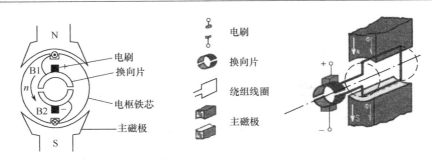

图 5-16　直流电机结构

4. 直流电机的驱动

由于单片机直接输出的电流太小，无法直接驱动直流电机工作，因此需要外加驱动电路，驱动电路可由晶体管等组成，也可采用专用的驱动芯片，如常用的 L298，ULN2003 等。现在以 L298 为例介绍。

L298 是 SGS 公司的产品，比较常见的是 15 脚 Multiwatt 封装的 L298N，内部同样包含 4 通道逻辑驱动电路。可以方便地驱动两个直流电机，或一个两相步进电机。

L298N 可接受标准 TTL 逻辑电平信号 V_{SS}，V_{SS} 可接 4.5～7V 电压。4 脚 V_S 接电源电压，V_S 电压范围为 +2.5～46V。输出电流可达 2.5A，可驱动电感性负载。1 脚和 15 脚下管的发射极分别单独引出以便接入电流采样电阻，形成电流传感信号。L298 可驱动两个电动机，OUT1，OUT2 和 OUT3，OUT4 之间可分别接电动机，本实验装置我们选用驱动一台电动机。5，7，10，12 脚接输入控制电平，控制电机的正反转。EnA，EnB 接控制使能端，控制电机的停转。L298N 实物如图 5-18 所示。

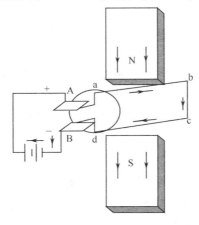

图 5-17　直流电机电路模型

图 5-18　L298N 实物图

三、考核要求

1. 撰写任务实训报告

制作结束后，学生按要求，结合实习心得体会，写出任务实训报告（详细记录实训全过程）。

2. 任务评定

由指导教师根据学生完成硬件制作的情况及调试结果并结合学生实训中的表现和实训报告评定成绩。

任务七 步进电机基本工作原理及驱动电路

一、任务要求

（1）掌握步进电机的工作原理。
（2）熟悉单片机控制步进电机电路的连接。

二、任务原理介绍

1. 步进电机工作介绍

步进电机工作原理：该任务中所用到的步进电机为四相六线步进电机，它是采用单极性直流电源供电，只要对步进电机的各相绕组按合适的时序通电，就能使步进电机步进转动。图 5-19 是该四相步进电机工作原理示意图。

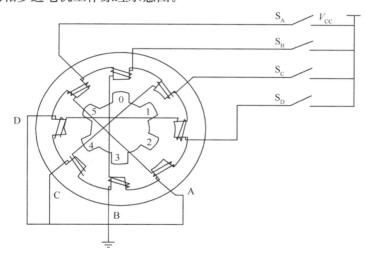

图 5-19 四相步进电机工作原理示意图

开始时，开关 S_B 接通电源，S_A，S_C，S_D 断开，B 相磁极和转子 0,3 号齿对齐；同时，转子的 1,4 号齿和 C,D 相绕组磁极产生错齿，2,5 号齿和 D,A 相绕组磁极产生错齿。

当开关 S_C 接通电源，S_B，S_A，S_D 断开时，由于 C 相绕组的磁力线和 1,4 号齿之间磁力线的作用，使转子转动，1,4 号齿和 C 相绕组的磁极对齐。而 0,3 号齿和 A,B 相绕组产生错齿，2,5 号齿就和 A,D 相绕组磁极产生错齿。依次类推，A,B,C,D 四相绕组轮流供电，则转子会沿着 A,B,C,D 方向转动。

四相步进电机按照通电顺序的不同，可分为单四拍、双四拍、八拍三种工作方式。单四拍与双四拍的步距角相等，但单四拍的转动力矩小。八拍工作方式的步距角是单四拍与双四拍的一半，因此，八拍工作方式既可以保持较高的转动力矩又可以提高控制精度。

单四拍、双四拍与八拍工作方式的电源通电时序与波形分别如图 5-20 中(a)、(b)、(c)

所示。

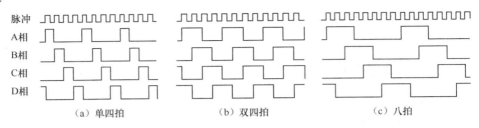

图 5-20　三种工作方式通电时序与波形

2. 步进电机驱动

和直流电机一样，单片机控制步进电机时同样需要制作驱动电路，制作时可以自行设计或者采用相应的集成芯片进行设计，在此介绍另一种常用的驱动芯片 ULN2003。

ULN2003 是高耐压、大电流、内部由七个硅 NPN 达林顿管组成的驱动芯片，如图 5-21 所示。经常在以下电路中使用：显示驱动、继电器驱动、照明灯驱动、电磁阀驱动、伺服电机、步进电机驱动等电路。

ULN2003 管脚如图 5-21 所示，左边为 8 路输入引脚，右端为 8 路输出引脚。

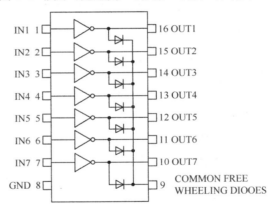

图 5-21　ULN2003 管脚图

三、考核要求

1. 会够搭建简单电路，测试 ULN2003 芯片各个控制引脚功能。
2. 理解并掌握控制步进电机旋转时引脚输出高低电平的时序要求。
3. 能够用 ULN2003 芯片与其他主控芯片配合设计步进电机驱动控制电路。
4. 用 keil-C 软件编写步进电机控制程序并能够进行测试。
5. 制作结束后，按要求并结合实训心得体会，写出实训报告。

任务八　单片机控制步进电机

一、任务要求

（1）能够正确搭建单片机控制步进电机的基本电路。

（2）能够使用 keil-C 软件编程控制步进电机。

二、任务原理介绍

1. 单片机控制直流电机

单片机对直流电机的控制较为简单，由于直流电机调速及控制方式较为简单，在此以 L298N 驱动芯片为例简要说明。L298N 驱动芯片电路连接图如图 5-22 所示。该电路图中主要分为几个部分：电源模块，包含有 12V 和 5V 的直流稳压电源；L298N 的电路模块，主要是提供功率放大作用，驱动步进电机；光电耦合器件，起着信号隔离作用。

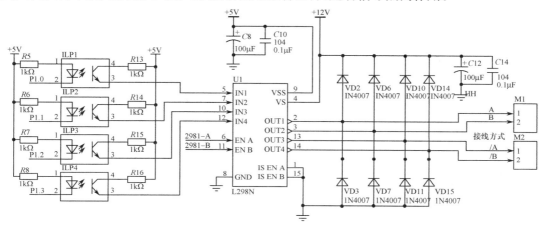

图 5-22　L298N 驱动芯片电路连接图

2. 单片机控制步进电机

步进电机的控制和直流电机不同，直流电机通常是两端加电压即可转动，步进电机需要分时序加电转动。本次采用的是两相四拍的步进电机进行控制，其连接图如图 5-23 所示。单片机 P1.0~P1.3 用于发出控制信号，连接到 L298N 上，L298N 的驱动输出端连接到步进电机的两端。

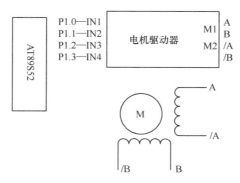

图 5-23　步进电机连接示意图

正转程序如下：
Main()
{

```
While(1)
{
    P1=0x0e;          //1110 接通 A
    Delay();
    P1=0x0d;          //1101 接通/A
    Delay();
    P1=0x0b;          //1011 接通 B
    Delay();
    P1=0x07;          //0111 接通/B
    Delay();
}
}
```

反转程序如下：

```
Main()
{
    While(1)
    {
        P1=0x07;          //1110 接通 A
        Delay();
        P1=0x0b;          //1101 接通/A
        Delay();
        P1=0x0d;          //1011 接通 B
        Delay();
        P1=0x0e;          //0111 接通/B
        Delay();
    }
}
```

该部分主要是注意通电的相序。

三、考核要求

1. 撰写任务实训报告

制作结束后，学生按要求，结合实训心得体会，写出任务实训报告（详细记录实训全过程）。

2. 任务评定

由指导教师根据学生完成硬件制作的情况及调试结果并结合学生实训中的表现和实训报告评定成绩。

任务九 舵机的基本工作原理及控制信号要求

一、任务要求

（1）掌握舵机的工作原理。

(2) 熟悉单片机控制舵机电路的连接。

(3) 根据舵机的控制信号要求,采用函数信号发生器,设置相应的控制信号对舵机进行控制,观察舵机的转动情况。

二、任务原理介绍

1. 舵机简介

舵机常用的控制信号是一个周期为 20ms 左右、宽度为 1~2ms 的脉冲信号。当舵机收到该信号后,会马上激发出一个与之相同的,宽度为 1.5ms 的负向标准的中位脉冲。之后两个脉冲在一个加法器中进行相加得到了所谓的差值脉冲。输入信号脉冲如果宽于负向的标准脉冲,得到的就是正的差值脉冲。如果输入脉冲比标准脉冲窄,相加后得到的肯定是负的脉冲。此差值脉冲放大后就是驱动舵机正反转动的动力信号。舵机电机的转动,通过齿轮组减速后,同时驱动转盘和标准脉冲宽度调节电位器转动。直到标准脉冲与输入脉冲宽度完全相同时,差值脉冲消失时才会停止转动。

2. PWM 信号的定义

市面上有上千种舵机,有上百家厂商生产舵机,但是它们的 PWM 信号协议都是一样的。PWM 信号为脉宽调制信号,其数据量存在于它的上升沿与下降沿之间的时间宽度,宽度越大表示数据越大,反之越小。我们目前使用的舵机主要依赖于模型行业的标准协议,随着人形机器人行业的渐渐独立,舵机也在不断升级。有些厂商已经推出全新的舵机协议和全新的舵机外壳形状,这些舵机只能应用于机器人行业,已经不能够应用于传统的模型上面了。

目前,我们使用的 SH15—M 舵机采用传统的 PWM 协议。该款舵机已经批量生产,扭矩达到 15 N·m,旋转角度达到 200°。该舵机控制方式采用传统 PWM 格式。

由反馈参量的性质决定舵机的性质。SH14—M 舵机是将电位器电压值进行 A/D 转换变成数字量,与来自单片机的 PWM 信号转换成的数字量进行数字计算,所以属于数字性质的反馈,所以称其为数字舵机。另外,在该舵机的软件中加入了锁存算法,致使其对 PWM 信号的要求较低,这样可以明显减少主控 CPU 的实时计算量。

(1) 采用固定协议,不用随时接收指令,为 CPU 腾出大量时间干其他事情;

(2) 可以位置自锁、位置跟踪,这方面超越了普通的步进电机。

图 5-24 为 PWM 信号格式的图形说明。需要注意的要点是:高电平持续时间最少为 0.5ms,为 0.5~2.5ms 之间。

3. PWM 信号控制精度制定

数字舵机内部带有处理电路,能够根据输入的 PWM 信号高电平持续时间调整舵机的转角。PWM 信号的高电平持续时间的范围为 0.5~2.5ms。舵机并不能整周范围转动,其转角范围为 0~200°。如果要实现舵机的转角控制精度为 0.8°,就需要对 PWM 信号进行控制。由舵机的转角范围和控制精度可知,其控制的级数应该为 200/0.8=250。PWM 信号的高电平持续时间划分 250 级,那么每级变化的时间为 (2.5−0.5)*1000/250=8μs,即 PWM 信号的高电平持续时间每变化 8μs,舵机的角度发生 0.8° 的改变。

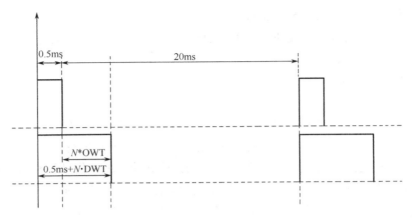

图 5-24 PWM 信号格式

根据前面分析可知,每级控制时间为 1DWT＝8μs,250DWT＝2ms,时基寄存器内的数值为 01—250。舵机的转角 200°范围内等角度划分为 250 个位置,每等分叫 1DWT,则 200÷250 ＝ 0.8/DWT。PWM 上升沿函数为 0.5ms＋N×DWT。所以有下述公式：

$$0ms \leqslant N \times DWT \leqslant 2ms$$

$$0.5ms \leqslant 0.5\ ms + N \times DWT \leqslant 2.5ms(PWM 控制信号高电平持续时间)$$

三、考核要求

1. 撰写任务实训报告

传感器测试结束后,学生按要求,结合实训心得体会,写出任务实训报告(详细记录实训全过程)。

2. 任务评定

由指导教师根据学生完成硬件制作的情况及调试结果并结合学生实训中的表现和实训报告评定成绩。

任务十 舵机的单片机控制应用

一、任务要求

(1) 掌握单片机控制舵机的方式。
(2) 熟悉单片机控制舵机的编程。

二、任务原理介绍

1. SH15—M 舵机的角度控制方法

舵机的转角可以达到 200°,如果分成 250 份,每份 0.8°。控制所需的 PWM 宽度范围为 0.5～2.5ms,宽度为 2ms,2ms÷250＝8μs。所以得出：PWM 信号＝1°/1μs。

2. SH15—M 舵机的方向制定

如图 5-25 所示,将动力输出轴正对使用者,标签方向正置,逆时针方向为正转方向。运动时可以外接较大的转动负载,舵机输出扭矩较大,而且抗抖动性很好,电位器的线性度较高,达到极限位置时也不会偏离目标。

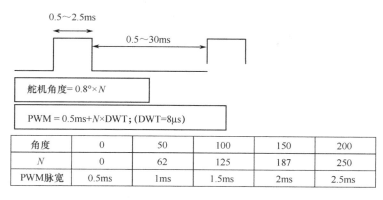

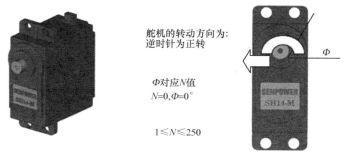

角度	0	50	100	150	200
N	0	62	125	187	250
PWM脉宽	0.5ms	1ms	1.5ms	2ms	2.5ms

图 5-25　SH15—M 舵机

图 5-26 为 SH15—M 舵机尺寸图,使用时注意其安装空位、舵机总体尺寸和动力轴的正转方向。

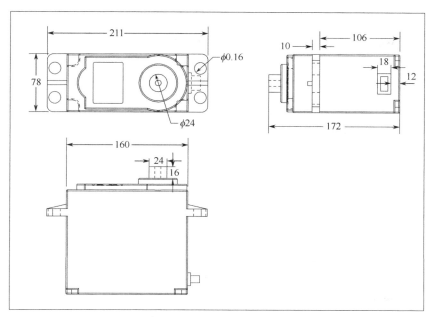

图 5-26　SH15—M 舵机尺寸图

舵机工作原理图如5-27所示,信号由外部输入舵机内部,由内部CPU所获取,驱动电机转动;电机转动时,带动内部的电位器旋转,电位器信号反馈给CPU;当到达指定位置时,CPU控制舵机停转,是一个内部的闭环控制系统。

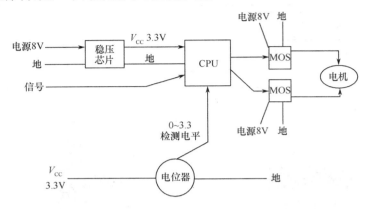

图5-27 舵机工作原理图

3. 编程提示

单片机系统实现对舵机输出转角的控制,必须首先完成两项任务:一是,产生基本的PWM周期信号,即产生20ms的周期信号;二是,调整脉宽,即单片机调节PWM信号的占空比。单片机能使PWM信号的脉冲宽度实现微秒级的变化,从而提高舵机的转角精度。单片机完成控制算法,再将PWM信号输出到舵机。

舵机的单片机控制程序如下:

```
#include<reg52.h>
#define uchar unsigned char
#define uint unsigned int
uchar count,jd;
sbit pwm=P1^0;
sbit jia=P3^2;
sbit jian=P3^3;
//延时函数
void delay(uchar x)
{
    uchar i,j;
    for(i=x;i>0;i--)
        for(j=125;j>0;j--);
}
//定时器初始化
void Time0_init()
{
    TMOD=0x01;              //定时器0工作方式1
```

```
    IE=0x82;
    TH0=0xfe;
    TL0=0x33;              //11.0592MHz 晶振,0.5ms
    TR0=1;
}
//定时器 0 中断程序
void Time0() interrupt 1
{
    TH0=0xfe;
    TL0=0x33;
    if(count<jd)           //判断 0.5ms 次数是否小于角度标识
        pwm=1;             //是,PWM 输出高电平
    else
        pwm=0;             //否,输出低电平
    count=count+1;
    count=count%40;        //次数始终保持为 40,即保持周期为 20ms
}
//按键扫描
void keyscan()
{
    if(jia==0)
    {
      delay(10);
      if(jia==0)
      {
        jd++;              //角度增加 1
        count=0;           //按键按下则 20ms 周期重新开始计时
        if(jd==6)
            jd=5;          //已经是 180°,保持
          while(jia==0);
    }
    }
    if(jian==0)
{
    delay(10);
    if(jian==0)
    {
     jd--;
     count=0;
```

```
        if(jd==0)
         jd=1;                    //已经 0°,保持
        while(jian==0);
      }
    }
}
void main()
{
 count=0;
 Time0_init();
 while(1)
 {
  keyscan();
 }
}
```

三、考核要求

1. 撰写任务实训报告

舵机控制程序设计完成后,正确连线测试,学生按要求,结合任务实训心得体会写出实训报告(详细记录实训全过程)。

2. 任务评定

由指导教师根据学生完成硬件制作的情况及调试结果并结合学生实训中的表现和实训报告评定成绩。

习题五

1. 选择辉盛舵机 995,编写程序,控制舵机在 0~200 之间每隔 5s 旋转角度变化 10°,实时进行测量,并记录数据,观察舵机在顺时针旋转和逆时针旋转的差异,思考舵机的精确控制方法。

2. 自行设计一个帆板控制系统,通过控制风扇电机的转速,调节风力大小,改变帆板角度,分别控制帆板在 10°、15°、20°、25°的角度停留,如图 5-28 所示。

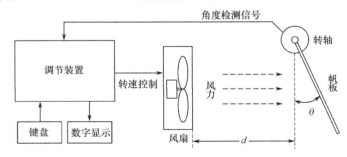

图 5-28 帆板摆角控制系统

3. 设计一如图 5-29 所示的系统,控制电磁铁在预定的角度内摆动,下面的电机控制系统主要控制电机带动某一部件,吸引磁铁左右摆动。

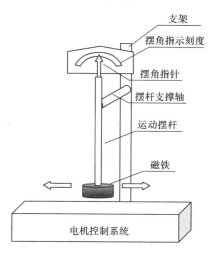

图 5-29 摆动机构

4. Arduino 金属机械手如图 5-30 所示,约 68g(不含电机);爪子最大张角时间距为 55mm,爪子整体长度 108mm(爪子闭合时的整体最长长度),爪子整体宽度为 98mm(爪子张开时的最大整体宽度)。试与辉盛 995 的舵机配合使用,设计一个控制系统,控制其分别能够抓取 10mm、20mm、30mm 的圆柱形物体。

图 5-30 金属机械手

项目六　MOTOMAN 工业机器人应用

教学导航

教	知识重点	INFORM III 语言编程方法
	知识难点	轨迹规划
	推荐教学方式	演示与理论教学相结合
	建议学时	8～12 学时
学	推荐学习方法	学做合一
	必须掌握的理论知识	示教与再现
做	必须掌握的技能	MOTOMAN 工业机器人操作

任务一　MOTOMAN 工业机器人操作

示教编程器上设有用于对机器人进行示教和编程所需的操作键和按钮,如图 6-1 所示。

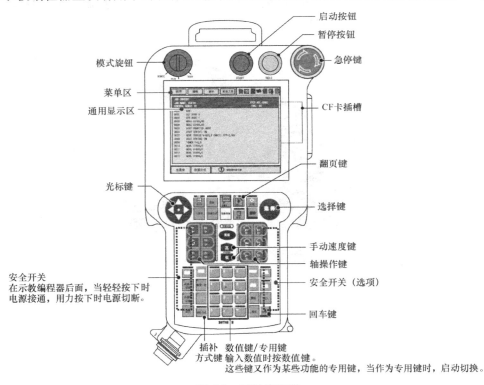

图 6-1　示教编程器

一、机器人轴与坐标系

1. 机器人各轴的名称

工业机器人(如安川 NX100)的外部轴采用基座/工装方式,所以构成机器人系统的各轴根据其功能分别称作机器人轴、基座轴和工装轴,如图 6-2 所示。

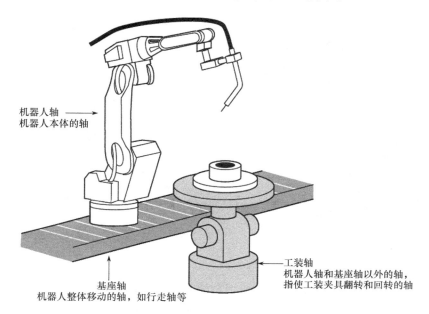

图 6-2　机器人各轴的名称

2. 坐标系的种类

对机器人进行轴操作时,可以使用以下几种坐标系。

(1) 关节坐标系

机器人各关节轴独立转动,称关节坐标系,如图 6-3 所示。

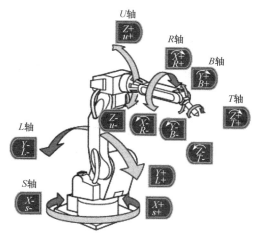

图 6-3　关节坐标系

(2) 直角坐标系

不管机器人处于什么位置,均可沿设定的 X 轴、Y 轴、Z 轴平行移动,如图 6-4 所示。

(3) 圆柱坐标系

θ 轴绕 S 轴运动,R 轴沿 L 轴臂、U 轴臂轴线的投影方向运动,Z 轴运动方向与直角坐标完全相同,如图 6-5 所示。

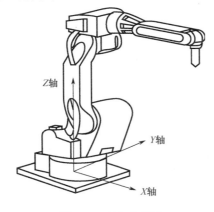
图 6-4 直角坐标系

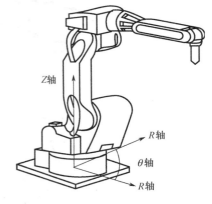
图 6-5 圆柱坐标系

(4) 工具坐标系

工具坐标系把机器人腕部法兰盘所持工具的有效方向作为 Z 轴,并把坐标定义在工具的尖端点,所以工具坐标的方向随腕部的移动而发生变化,如图 6-6 所示。

(5) 用户坐标系

机器人沿所指定的用户坐标系各轴平行移动,如图 6-7 所示。

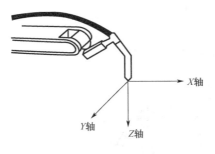
图 6-6 工具坐标系

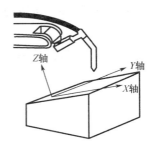
图 6-7 用户坐标系

二、示教编程基础

为了使机器人能够进行再现,就必须把机器人运动命令编成程序。控制机器人运动的命令就是移动命令。在移动命令中,记录有移动到的位置、插补方式、再现速度等。

因为 NX100 所使用的 INFORM Ⅲ 语言主要的移动命令都以"MOV"开头,所以也把移动命令叫做"MOV 命令"。

1. 示教基本操作

示教编程器的显示屏是 6.5 英寸的彩色显示屏,其界面如图 6-8 所示,能够显示数字、字母和符号。显示屏分为 5 个显示区,其中的通用显示区、菜单区、人机对话显示区和主菜单区可以通过利用"区域"按钮从显示屏上移开,或用直接触摸屏幕的方法选中对象。

操作中,显示屏上显示相应的界面,该界面的名称显示在通用显示区的左上角。

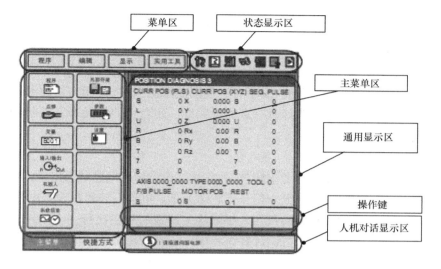

图 6-8 示教编程器界面

示教在程序内容界面上进行。程序内容界面显示以下项目:

① 行号表示程序行的序号,自动显示,当插入或删除行时,行号会自动改变。

② 光标命令编辑用的光标,按"选择"键,可对光标所在行命令进行编辑,还可用"插入"、"修改"、"删除"键对命令进行插入、修改、删除。在使机器人前进、后退和试运行时,机器人从光标所在行开始运行程序。

③ 命令、附加项与注释等,如图 6-9 所示。

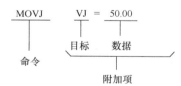

图 6-9 命令、附加项与注释

命令:指示执行处理或作业。在移动命令状态下,示教了位置数据后,会自动显示与当前插补方式相应的命令。

附加项:根据命令的种类,进行速度、时间等的设定。在设定条件的目标中,附加与所需相适应的数字数据或文字数据。

2. 插补方式的种类

机器人在未规定采取何种轨迹移动时,使用关节插补,关节插补在关节空间中进行。用关节插补示教机器人轴时,移动命令为 MOVJ。

(1) 直线插补

用直线插补示教的程序点,以直线轨迹移动,直线插补在直角坐标系中进行。用直线插补示教机器人轴时,移动命令为 MOVL。

(2) 圆弧插补

机器人沿着用圆弧插补示教的三个程序点执行圆弧轨迹移动。用圆弧插补示教机器人轴时,移动命令为 MOVC。

(3) 自由曲线插补

执行焊接、切割、喷涂等作业时,对于有不规则曲线的工件,使用自由曲线插补方式后,可使此类示教更为简单。轨迹为经过三点的抛物线。用自由曲线插补示教机器人轴时,移动命令为 MOVS。

3. 机器人轨迹规划基础

机器人规划是一种重要的问题求解技术,它从某个特定的问题状态出发,寻求一系列行为动作,并建立一个操作序列,直到求得目标状态为止。机器人规划意味着在机器人行动之前决定机器人行动的进程;或者说,机器人规划这一词指的是在执行一个问题求解程序(或完成一个特定任务)中任何一步之前,计算该程序(或动作)几步的过程。

机器人轨迹规划属于机器人底层规划,基本上不涉及人工智能问题,而是在机械手运动学和动力学的基础上,讨论在关节空间和笛卡儿空间中机器人运动的轨迹规划和轨迹生成方法。所谓轨迹,是指机械手在运动过程中的位移、速度、加速度。而轨迹规划是根据作业任务的要求,计算出预期的运动轨迹。首先,对机器人的任务、运动路径和轨迹进行描述。

通常将机械手的运动看做是工具坐标系相对于工作坐标系的运动。这时工作坐标系的位置与姿态(简称位姿)随时间而变化。

对抓放作业的机器人(如上、下料),需要描述它的起始状态和目标状态。在此,用"点"这个词表示工具坐标系的位姿,例如起始点和目标点等。

对于另外一些作业,如弧焊、点焊和曲面加工等,不仅要规定机械手的起始点和终止点,而且要指明两点之间的若干中间点(称路径点),必须沿特定的路径(路径约束)。这一类运动称为连续路径运动或轮廓运动,而前者称为点到点运动。

在规划机器人的运动轨迹时,还需弄清楚在其路径上是否存在障碍物(障碍约束)。机器人轨迹规划可以在关节空间也可在直角空间中进行。

4. 示教的基本步骤

为了使机器人能够进行再现,就必须把机器人运动命令编成程序。控制机器人运动的命令就是移动命令。在移动命令中,记录有移动到的位置、插补方式、再现速度等。

因为 NX100 所使用的 INFORM III 语言主要的移动命令都以"MOV"开头,所以也把移动命令叫做"MOV 命令"。

<例>

MOVJ　VJ=50.00

MOVL　V=1122　PL=1

<例>

当再现如图 6-10 所示程序内容时,机器人按照程序点 1 的移动命令中输入的插补方式和再现速度移动到程序点 1 的位置;然后,在程序点 1 和 2 之间,按照程序点 2 的移动命令中输入的插补方式和再现速度移动;同样,在程序点 2 和 3 之间,按照程序点 3 的移动命令中输入的插补方式和再现速度移动;当机器人到达程序点 3 的位置后,依次执行 TIMER 命令和 DOUT 命令;然后移向程序点 4 的位置。

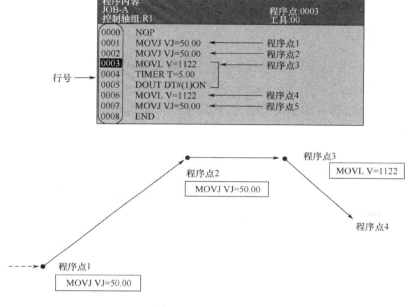

图 6-10 示教编程

程序是把机器人的作业内容用机器人语言加以描述的作业程序。

现在来为机器人输入以下从工件 A 点到 B 点的加工程序,此程序由 1 至 6 的 6 个程序点组成。

① 登录各程序点,如图 6-11 所示。

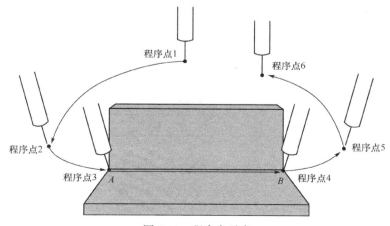

图 6-11 程序点示意

② 最初程序点和最终程序点重合,如图 6-12 所示。

③ 确认程序点。

④ 轨迹的确认。

⑤ 程序的修改。

⑥ 再现。

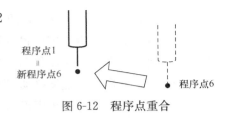

图 6-12　程序点重合

 任务二　搬运

以搬运以下工件为例,说明明确任务、轨迹规划及编写程序的步骤。

一、明确任务

确定搬运的对象、搬运的工装夹具等;确定是否需要机器人的专用夹具,还是需要自行设计搬运夹具等。

二、轨迹规划

确定搬运的路线及程序点,对于无特殊要求的简单运动,我们可以使用 MOVJ 命令(关节空间的插值运动);对于直线运动(MOVL)、圆弧运动(MOVC)、抛物线运动(MOVS),还要考虑工装夹具与工件是否碰撞干涉等,如图 6-13 所示。

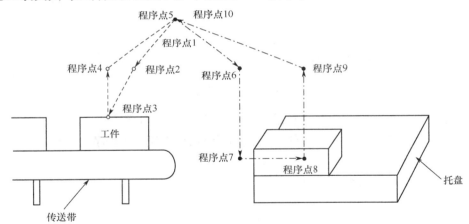

图 6-13　轨迹规划

编写程序,见表 6-1。

表 6-1　搬运程序表

行命令	内容说明
0000 NOP	
0001 MOVJ　VJ=25.0	移到待机位置(程序点 1)
0002 MOVJ　VJ=25.0	移到焊接开始位置附近(程序点 2)
0003 MOVJ　VJ=12.5	移到焊接开始位置(程序点 3)
0004 ARCON	焊接开始

续表

行命令	内容说明
0005 MOVL　V＝50	移到焊接结束位置(程序点 4)
0006 ARCOF	焊接结束
0007 MOVJ　VJ＝25.0	
0008 MOVJ　VJ＝25.0	移到不碰触工件和夹具的位置(程序点 5)
0009 END	移到待机位置(程序点 6)

三、示教

（1）设置初始位置程序点 1

初始位置程序点 1，设在与工件和夹具不干涉的位置。示教结束后，用"前进"、"后退"键确认轨迹。

（2）程序点 2——抓取位置附近(抓取前)

① 用轴操作键设置机器人可以抓取工件的姿态，必须选取机器人在接近工件时不与工件发生干涉的方向、位置。通常在抓取位置的正上方。

② 按"回车"键，输入程序点 2，具体命令如下：

```
0000      NOP
0001      MOVJ VJ＝25.00
0002      MOVJ VJ＝25.00
0003      END
```

（3）程序点 3——抓取位置

保持程序点 2 的姿态，移到抓取位置，输入工具命令 HAND。

① 按手动速度"高"或"低"键，让状态显示区显示中速，如图 6-14 所示。

图 6-14　在状态显示区显示

② 用轴操作键把机器人的机械手移到抓取位置。这时请保持程序点 2 的姿态不变。

③ 按"插补方式"键，设定插补方式为直线插补"MOVL"。

MOVL V＝11.0

④ 光标位于行号处，按"选择"键。

MOVL V＝11.0

⑤ 把光标向右移动到速度 V＝11.0 上，按"选择"键，成为数值输入状态。用数值键输入速度 100mm/s，再按"回车"键。

⑥ 按"回车"键，输入程序点 3。

```
0000      NOP
0001      MOVJ VJ＝25.00
0002      MOVJ VJ＝25.00
0003      MOVL V＝100.0
```

0004　　END

⑦ 按"工具1通/断"键,在输入缓冲行显示"HAND 1 ON"。

HAND　1　ON

⑧ 按"回车"键,输入HAND命令(抓取)。

⑨ 按"命令一览"键,显示命令一览。

把光标移到"控制"上,按"选择"键,然后把光标移到"TIMER"上,按"选择"键。

TIMER T=1.00

⑩ 在缓冲显示行,把光标移到右边的"T=1.00"上。

按"选择"键,成为数字输入状态,用数值键输入所希望的值0.5s,按"回车"键。

TIMER T=0.50

⑪ 按"回车"键,输入TIMER命令。

⑫ 再次按"命令一览"键,键左上角的灯熄灭。

(4) 程序点4——抓取位置附近(抓取后)

决定抓取后的退让等待位置。

① 用轴操作键把机器人的机械手移到抓取位置附近。移动时,选择与周边设备和工具不发生干涉的方向、位置。通常在抓取位置的正上方,和程序点2在同一位置也没关系。

② 光标位于行号处,按"选择"键。

MOVL V=11.0

③ 在输入缓冲行,把光标移到右边的速度"V=11.0"上。按"选择"键,成为数值输入状态,用数值键输入希望的速度,输入100.0mm/s,按"回车"键。

④ 按"回车"键,输入程序点4。

```
0000    NOP
0001    MOVJ   VJ=25.00
0002    MOVJ   VJ=25.00
0003    MOVL   V=100.0
0004    HAND   1   ON
0005    TIMER   T=0.50
0006    MOVL   V=100.0
0007    END
```

(5) 程序点6——放置位置附近(放置前)

决定放置姿态。

① 用轴操作键设定机器人能够放置工件的姿态。在机器人接近工作台时,要选择把持的工件和堆积的工件不干涉的场所,并决定位置。通常,在放置辅助位置的正上方。

② 按"插补方式"键,设定插补方式为关节插补(MOVJ)。

MOVJ V=0.78

③ 光标位于行号处,按"选择"键。

MOVJ V=0.78

④ 在输入缓冲行，把光标移到右边的速度"VJ＝0.78"上，按"转换"键的同时，按光标的方向键🕹，设定再现速度，把速度设定为 25.00%。

MOVJ VJ＝25.00

⑤ 按"回车"键，输入程序点 6。

0000　　NOP
0001　　MOVJ VJ＝25.00
0002　　MOVJ VJ＝25.00
0003　　MOVL V＝100.0
0004　　HAND 1 ON
0005　　TIMER T＝0.50
0006　　MOVL V＝100.0
0007　　MOVJ VJ＝25.00
0008　　MOVJ VJ＝25.00
0009　　END

（6）程序点 7——放置辅助位置

决定为了进行放置的辅助位置。

① 从程序点 6 直接移到放置位置，已经放置的工件和把持着的工件可能发生干涉，这时为了避开干涉，要设一个辅助位置，姿态和程序点 6 相同。

② 按"插补方式"键，插补方式设定为直线插补（MOVL）。

MOVL V＝11.0

③ 光标位于行号处，按"选择"键。

MOVL V＝11.0

④ 在输入缓冲行，把光标移到右边的速度"V＝11.0"上。按"选择"键，成为数值输入状态，用数值键把速度设定为 100.0mm/s，然后按"回车"键。

⑤ 按"回车"键，输入程序点 7。

0000　　NOP
0001　　MOVJ VJ＝25.00
0002　　MOVJ VJ＝25.00
0003　　MOVL V＝100.0
0004　　HAND 1 ON
0005　　TIMER T＝0.50
0006　　MOVL V＝100.0
0007　　MOVJ VJ＝25.00
0008　　MOVJ VJ＝25.00
0009　　MOVL V＝100.0
0010　　END

（7）程序点 8——放置位置

保持程序点 7 的姿态移到放置位置，输入工具命令 HAND。

① 按手动速度的"高"、"低"键,让状态显示区中显示中速,如图 6-14 所示。
② 用轴操作键把机器人移到放置位置,这时请保持程序点 7 的姿态不变。
③ 光标位于行号处,按"选择"键。
MOVL V=11.0
④ 在输入缓冲行,把光标移到右边的速度"V=11.0"上。按"选择"键,成为数值输入状态,用数值键把速度设定为 50.0mm/s,然后按"回车"键。
⑤ 按"回车"键,输入程序点 8。

```
0000    NOP
0001    MOVJ VJ=25.00
0002    MOVJ VJ=25.00
0003    MOVL V=100.0
0004    HAND 1 ON
0005    TIMER T=0.50
0006    MOVL V=100.0
0007    MOVJ VJ=25.00
0008    MOVJ VJ=25.00
0009    MOVL V=100.0
0010    MOVL V=50.0
0011    END
```

⑥ 按"手爪 1 通/断"键,输入缓冲行显示"HAND 1 ON"。
HAND 1 ON
⑦ 在输入缓冲行,把光标移到右边的"ON"上,按"转换"键的同时,按光标上下键,直到显示"OFF"。
TIMER T=1.00
⑧ 按"回车"键,输入 HAND 命令(松开)。
⑨ 按"命令一览"键,显示命令一览。把光标移到"控制"上,按"选择"键,再把光标移到"TIMER"上,按"选择"键。
TIMER T=1.00
⑩ 在输入缓冲行,把光标移到右边的时间"T=1.00"上。按"选择"键,使成为数值输入状态,用数值键把时间设定为 0.5s。
TIMER T=0.50
⑪ 按"回车"键,输入 TIMER 命令。
⑫ 再次按"命令一览"键,命令一览键左上角的灯熄灭。

(8) 程序点 9——放置位置附近(放置后)

决定放置后的退让等待位置。

① 用轴操作键把机器人的机械手移到放置位置附近。移动时,选择工件和工具不干涉的方向、位置。通常是在放置位置的正上方。

② 光标位于行号上,按"选择"键。
MOVL V=11.0
③ 在输入缓冲行,把光标移到右边的速度"V=11.0"上。按"选择"键,使成为数值输入状态,用数值键设定速度为 100.0mm/s,按"回车"键。
④ 按"回车"键,输入程序点 9。

```
0000    NOP
0001    MOVJ VJ=25.00
0002    MOVJ VJ=25.00
0003    MOVL V=100.0
0004    HAND 1 ON
0005    TIMER T=0.50
0006    MOVL V=100.0
0007    MOVJ VJ=25.00
0008    MOVJ VJ=25.00
0009    MOVL VJ=100.0
0010    MOVL VJ=50.0
0011    HAND 1 OFF
0012    TIMER T=0.50
0013    MOVL V=100.0
0014    END
```

任务三　弧焊

同搬运作业一样,对于弧焊作业,首先要明确机器人的作业任务,然后轨迹规划,确定程序点,然后在各设定的程序点插值,比普通的搬运作业多了一组弧焊的指令(ARCON,ARCOFF)。

一、示教编程

为机器人输入以下从工件 A 点到 B 点的加工程序,此程序由 1 至 6 的 6 个程序点组成,如图 6-15。

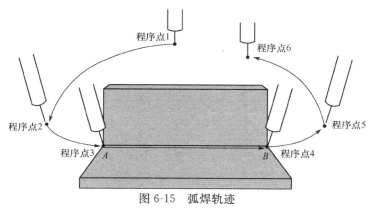

图 6-15　弧焊轨迹

(1) 给定程序名"ARC WORK"

程序开始一般以"NOP"开始,如

0000　　NOP

(2) 程序点 1——开始位置

在示教模式下移到程序点 1,输入插值参数,如下:

0001　　MOVJ VJ=50.00

(3) 移到程序点 2——焊接开始位置附近

决定焊枪姿态,如图 6-16 所示。

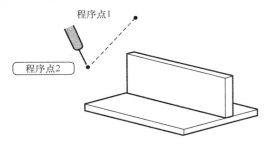

图 6-16　程序点 2 准备

程序点 2 输入插值参数:

0001　　MOVJ VJ=25.00

0002　　MOVJ VJ=25.00

(4) 移到程序点 3——焊接开始位置

保持程序点 2 的姿态(如图 6-17 所示),把焊枪移动到焊接开始位置,输入引弧命令 ARCON。

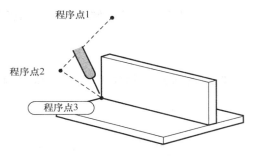

图 6-17　程序点 2 的姿态

在程序点 3 输入插值参数,如下:

0000　　NOP

0001　　MOVJ VJ=25.00

0002　　MOVJ VJ=25.00

0003　　MOVJ VJ=12.50

ARCON

（5）移到程序点 4——焊接结束位置
如图 6-18 所示，决定焊接结束位置。

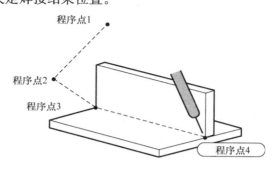

图 6-18　焊接结束位置

输入程序点 4，程序如下：
0000　　NOP
0001　　MOVJ VJ=25.00
0002　　MOVJ VJ=25.00
0003　　MOVJ VJ=12.50
0004　　ARCON ASF#(1)
0005　　MOVL V=50
ARCOF

（6）移到程序点 5——不碰触工件、夹具的位置
如图 6-19 所示，把机器人移动到不碰触工件和夹具的位置。

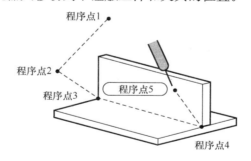

图 6-19　程序点 5 位置

（7）移到程序点 6
输入程序点 6 的插值参数，具体如下：
0000 NOP
0001 MOVJ　VJ=25.00　//移到待机位置（程序点 1，程序点 1 到程序点 2 为关节空间的插值，速度为关节最高速度的 25%）
0002 MOVJ　VJ=25.00　//移到焊接开始位置附近（程序点 2，程序点 2 到程序点 3 为关节空间的插值，速度为关节最高速度的 25%）
0003 MOVJ　VJ=12.50　//移到焊接开始位置（程序点 3，程序点 3 到程序点 4 为关节空间的插值，

速度为关节最高速度的 12.5%)

```
0004 ARCON              //焊接开始
0005 MOVL    V=50       //移到焊接结束位置(程序点 4,程序点 4 到程序点 5,为直线的插值,速度
                          为 50cm/min)
0006 ARCOF              //焊接结束
0007 MOVJ    VJ=25.00   //移到不碰触工件和夹具的位置(程序点 5,程序点 5 到程序点 6 为关
                          节空间的插值,速度为关节最高速度的 25%)
0008 MOVJ    VJ=25.00   //移到待机位置(程序点 6,程序点 6 到程序点 7 为关节空间的插值,速度
                          为关节最高速度的 12.5%)
0009 END
```

二、焊接缺陷的调整

进行焊接后,观察焊缝外观,通过调整焊接条件,使其达到满意的效果,见表 6-2。

表 6-2 焊接条件

焊接缺陷	发生原因	调整方法
气孔:由于 H_2,N_2,CO_2,和 Ar 等产生的坑、气孔等缺陷的总称	保护气体流量不足	① 在可以忽略风的影响时,基本流量为 15~30L/min ② 根据施工条件改变气体流量
	喷嘴上有飞溅	① 除去堆积的飞溅 ② 选择合适的焊接条件,防止发生过多的飞溅 ③ 调整焊枪角度、喷嘴高度,减少附着飞溅
	风的影响	① 关闭门窗 ② 焊接中避免使用风扇 ③ 使用隔板
	工件表面有氧化皮、锈、油等	用稀料、刷子、砂轮机等去除杂物
	表面有油漆	用稀料等擦拭
	焊接电流、电压、焊接速度等不合适	① 在合适的电压范围内使用 ② 根据弧长调整电压
	焊枪角度、焊丝长度不合适	① 使焊枪的前倾角更小 ② 焊丝伸长要根据焊接条件来设定
咬边:焊接结束处,母材上出现的未填满焊接金属的沟槽部分	焊接电流过大	减小焊接电流
	弧电压不合适	取合适的电压或偏低的电压
	焊接速度过大	降低焊接速度
	焊枪角度,焊丝尖端点对准不当	取合适的焊枪角度和焊丝尖端点位置

续表

焊接缺陷	发生原因	调整方法
虚焊:焊接界面没有充分融合的状态	焊接条件不合适	调整焊接电流、焊接速度、焊丝尖端点位置、焊枪角度等
	焊接表面不清洁	除去锈、油等污物
熔深不足:母材熔融部分的最深处到焊接表面的距离不够长（0.2t以下）	焊接条件不合适（焊接电流太低或对于电流来说电压太低的场合容易发生）	选取合适的焊接电流、焊接速度、焊丝尖端点位置、焊枪角度等
焊瘤:突出于焊趾或焊缝根部的焊缝金属与母材之间未融合而重叠的部分（T型搭接焊时常见）	① 焊接电流过大 ② 焊丝尖端点位置不合适 ③ 焊枪角度不合适	① T型搭接焊时,设定较低焊接电流,或设定合适电压或稍高的电压 ② T型搭接焊时,焊丝尖端点位置设在工件前数毫米处焊枪瞄准角度为前倾角 ③ 薄板焊接时,焊丝尖端点位置在工件前1~1.5mm处
驼峰:焊缝表面有突出部分,向上立焊或向上倾斜焊时常见	① 焊接电流太高 ② 焊接电压太低 ③ 焊接速度太慢或太快	① 降低焊接速度,取合适的速度 ② 选取合适的电压或稍高的电压
塌陷:焊缝表面有凹下的部分,向下立焊或向下倾斜焊时常见	① 焊接电压太高 ② 焊接速度太快	① 降低焊接速度 ② 选择合适的电压或稍低的电压

续表

焊接缺陷	发生原因	调整方法
焊缝蛇行走样:焊缝像蛇一样	① 焊丝弯曲、扭曲 ② 导电嘴内径变大 ③ 磁偏吹的影响	① 缩短焊丝伸出长度 ② 使用桶状焊丝 ③ 换新导电嘴 ④ 改变地线安装位置 ⑤ 改变焊接方向

习题六

1. 简述表示教前准备有哪些步骤。
2. 简述 INformⅢ 语言格式。
3. 简述教学的基本步骤。
4. 简述再现步骤。
5. 什么是插补方式,都有何种插补方式。什么是再现速度。

项目七　工业机器人关节机构与驱动控制

教学导航

教	知识重点	各类关节的工作原理
	知识难点	关节运动控制
	推荐教学方式	演示与理论教学相结合
	建议学时	8~12学时
学	推荐学习方法	学做合一
	必须掌握的理论知识	总传动比计算
做	必须掌握的技能	关节选型、计算、控制

　　机器人关节是机器人的基础部件，其性能的好坏直接影响机器人的性能。根据机器人关节的功能特点、驱动方式、应用场合和主要结构等对机器人关节进行分类；了解典型的机器人关节结构形式，对工业机器人和拟人机器人的关节结构进行分析。

　　机器人操作机是由一系列连杆通过旋转或移动关节相互连接组成的多自由度机构。一个关节系统包括驱动器、传动器和控制器，属于机器人的基础部件，是整个机器人伺服系统中的一个重要环节，其结构、重量、尺寸对机器人性能有直接影响。

任务一　关节驱动器选型

一、机器人关节的分类

　　关节是各杆件间的结合部分，是实现机器人各种运动的运动副。由于机器人的种类很多，其功能要求不同，关节的配置和传动系统的形式都不同。

　　工业机器人就是面向工业领域的多关节机械手或多自由度机器人，其关节的分类见图7-1所示，可以根据输出运动形式、传动机构、驱动器、有无减速器和运动副的不同对机器人关节进行分类。

二、工业机器人关节选型

　　工业机器人常见的关节形式有移动关节和转动关节。应用最多的工业机器人是多关节机器人，它由多个回转关节和连杆组成，模拟人的肩关节、肘关节和腕关节等功能。工业机器人关节与仿人机器人的肩、肘、腰关节等不同的是自由度个数。通常工业机器人的肩、肘、腰关节的自由度为1。

　　1. 移动关节

　　移动关节采用直线驱动方式传递运动，包括直角坐标结构的驱动、圆柱坐标结构的径向驱动和垂直升降驱动,以及极坐标结构的径向伸缩驱动。

直线运动可以直接由汽缸或液压缸和活塞产生,也可以采用齿轮、齿条、丝杠、螺母等传动元件把旋转运动转换成直线运动。产生移动关节直线运动的装置有以下几种。

```
            ┌ 运动形式 ┌ 移动关节 ┌ 齿轮与齿条、普通丝杆或滚珠丝杠
            │          │          └ 液压缸、汽压缸、直线电机或音圈电机
            │          ├ 力矩电机
            │          │          ┌ 齿轮传动、谐波减速器、摆线针轮(RV)
            │          ├ 转动关节 ┤ 带、链或绳传动:皮带、钢带、齿形条、钢绳、链轮
            │          │          └ 连杆机构(摆动):丝杠连杆或滑动连杆
            │          ┌ 齿轮传动、蜗轮蜗杆传动、链条传动、带传动
            ├ 传动机构 ┤
关节 ┤      │          └ 连杆机构绳索传动、谐波减速传动、摆线针轮(RV)减速传动
            │          ┌ 电驱动关节:直流伺服、交流伺服步进电机
            │          │ 气压驱动关节:汽缸、伸缩软管、气压马达
            ├ 驱动器形式┤ 液压驱动关节:旋转马达、活塞液压塞
            │          └ 特种驱动关节:形状记忆合金(SMA)、人工肌肉等
            ├ 有无减速器:直接驱动、间接驱动
            └ 运动副形式:转动副、移动支、螺旋副、球面副
```

图 7-1 工业机器人的关节分类

（1）齿轮与齿条装置

齿轮与齿条装置的优点是效率高、精度与刚度好；缺点是回差大。如图 7-2 所示是齿轮与齿条传动的啮合过程,图 7-3 所示是齿轮与齿条直线移动装置,电机驱动齿轮转动,齿轮与齿条啮合,实现直线运动。

图 7-2 齿轮与齿条

图 7-3 齿轮与齿条直线移动装置

（2）丝杠（滑动或滚珠）

该传动装置的效率、精度高,速比大。

（3）液压缸

液压缸的功率大、结构简单、响应快,无减速装置,能直接与被驱动的杆件相连,但需要液压源,易产生泄漏。

如图 7-4 所示为在闭环系统中,使用电液伺服阀控制的直线液压缸。在直线液压缸的

操作中,通过受控节流口调节流量,可以在达到运动终点时实现减速,使停止过程得到控制。最初出现的 Unimate 机器人就是用液压驱动的。

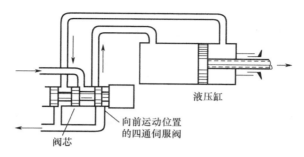

图 7-4 用伺服阀控制的液压缸的简化原理图

（4）汽压缸

汽压缸的能源、结构较简单,但速度不易控制,精度不高。

（5）直线电机或音圈电机驱动

这类装置的精度高,但力矩较小。

① 如图 7-5 所示,直线电机的结构可以看做是将一台旋转电机沿径向剖开,并将电机的圆周展开成直线而形成的。其中,定子相当于直线电机的初级,转子相当于直线电机的次级,当初级通入电流后,在初次级之间的气隙中产生行波磁场,在行波磁场与次级永磁体的作用下产生驱动力,从而实现运动部件的直线运动。直线电机实物图如图 7-6 所示。

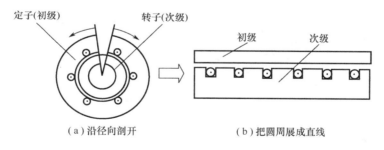

图 7-5 直线电机工作原理

② 音圈电机工作原理是通电导体穿过磁场时,会产生一个垂直于磁场线的力,这个力的大小取决于通过磁场的导体的长度、磁场及电流的强度。音圈电机将实际的电流转化为直线推力或扭力,它们的大小是同实际通过的电流的大小成比例。音圈电机实物图如图 7-7 所示。

图 7-6 直线电机实物图

图 7-7 音圈电机实物图

2. 回转关节

回转关节是连接相邻杆件,如手臂与机座、臂与手腕,并实现相对回转或摆动的关节机构,由驱动器、回转轴和轴承组成。多数电机能直接产生旋转运动,但常需各种齿轮、链、皮带传动或其他减速装置,以获取较大的转矩。旋转运动传递和转换装置有以下几种。

(1) 齿轮传动

特点是响应快、转矩大、刚性好,可实现转向改变和复合传动,轴间距不大。

(2) 带、链或绳传动

这类传动装置的速比小,转矩小,刚度与张紧装置有关,轴间距大。常和其他传动装置结合使用。

(3) 谐波减速器

如图 7-8 所示,由波发生器、柔轮和刚轮组成,是一种靠波发生器使柔轮产生可控弹性变形,并靠柔轮与刚轮相啮合来传递运动和动力的。特点是结构紧凑,传动比大,精度、效率高,同轴线,结构简单;缺点是扭转刚性低。目前,谐波减速器广泛用于中小转矩的机器人关节。

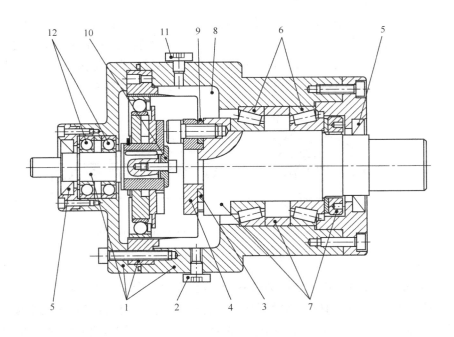

图 7-8 谐波减速器

1—输入轴、环形花键齿、钢轮;2—放油塞;3,9—柔轮;4—夹紧圈;5—密封环;
6,12—双轴承;7—柔轮轴向定位;8—通气口;10—波发生器轴定位片;11—进油口塞

(4) 摆线针轮(RV)传动

RV 内齿轮采用带滚针的圆弧齿,与其啮合的外齿轮采用摆线齿。如图 7-9 所示,输入轴经齿轮传动传给行星齿轮,完成一级减速;与行星轮相连的曲柄轴是第二级减速的输入

轴，RV 外齿轮支撑在曲柄偏心处的滚动轴承上，当行星轮转一周时，曲柄轴和 RV 齿轮被箱体内侧滚针挤压，受其反作用力作用，RV 齿轮逐齿向输入运动的反方向运动。特点是速比大，同轴线，结构紧凑，效率高；其最显著的特点是刚性好，转动惯量小，固有频率高，振动小。摆线针轮传动适用于操作机上的第一级旋转关节（如腰关节），在频繁加、减速的运动过程中可以提高响应速度并降低能量消耗。

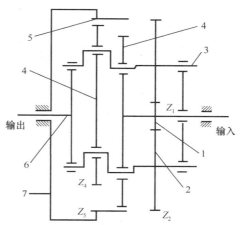

图 7-9　摆线针轮（RV）传动

1—太阳轮；2—行星轮；3—偏心轴；4—摆线轮；5—针齿；6—输出轴；7—针齿壳

（5）力矩电机传动（直接驱动）

力矩电机传动的无减速机构，刚度好，精度高；缺点是在关节处安装电机，关节重量增加。

（6）连杆机构

连杆机构包括平行四边形曲柄连杆机构、滑块连杆机构和丝杠连杆机构。连杆机构的特点是回差小，刚性好，可保持特殊位形。丝杆连杆机构还具有变减速比的特点。

（7）万向节式传动

万向节式传动包含两个可独立旋转的转动轴和轴承，每个转动轴有一个驱动单元，通过操纵杆和轴承进行操作控制。

（8）偏置式旋转关节

旋转结构连接在一个斜面上，驱动轴轴线与被驱动轴轴线倾斜成一定角度，驱动器内置，多段连接就可以在空间形成复合运动。

（9）SMA（形状记忆合金）式手臂

形状记忆合金是直线状合金，经脉冲电流加热后，通过滑轮把收缩变成弯曲、旋转动作。

（10）旋转液压马达

如图 7-10 所示，在电液阀的控制下，液压油经进油口进入，并作用于固定在转子上的叶片上,使转子转动。隔板用来防止液压油短路。通过一对由消隙齿轮带动的电位器和一个解算器给出转子的位置信息。电位器给出粗略值,而精确位置由解算器测定。这样,解算器的高精度和小量程就由低精度和大量程的电位器予以补救。当然,整个精度不会超过驱动电位器和解算器的齿轮系精度。

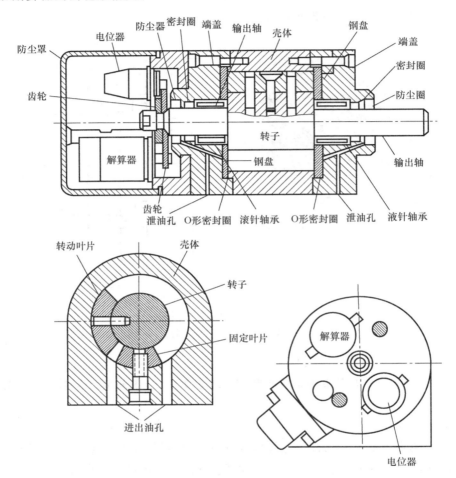

图 7-10　旋转液压马达

任务二　伺服电机选择

直流电动机是工业机器人中应用最广泛的电动机之一,它在一个方向连续旋转,或在相反的方向连续转动,运动连续且平滑,且本身没有位置控制能力。

正因为直流电动机的转动是连续且平滑的,因此要实现精确的位置控制,必须加入某种形式的位置反馈,构成闭环伺服系统。有时,机器人的运动还有速度要求,所以还要加入速度反馈。一般地,直流电动机与位置反馈、速度反馈形成一个整体,即通常所说的直流伺服电机。由于采用闭环伺服限制,所以能实现平滑的控制和产生大的力矩。

直流电动机可利用继电器开关或采用功率放大器来实现驱动控制。功率放大器利用电子开关来改变流向电枢的电流方向以改变转向。对直流电动机的磁场或电枢电流都可进行控制。

目前,直流电动机可达到很大的力矩/重量比,远高于步进电机,与液压驱动不相上下(很大功率除外)。直流驱动还能达到高精度,加速迅速,且可靠性高。现代直流电动机的发展得益于稀土磁性材料的发展。这种材料能在紧凑的电机上产生很强的磁场,从而改善了直流电机的启动特性。另外,电刷和换向器制造工艺的改进也提高了直流电动机的可靠性。此外,还有一个重要因素是固态电路功率控制能力的提高,使大电流的控制得以实现而又费用不高。

由于以上原因,当今大部分机器人都采用直流伺服电机驱动机器人的各个关节。因此,机器人关节的驱动部分设计包括伺服电机的选定和传动比的确定。

一、伺服电机的选择

1. 伺服电机的初选

选择电机,首先要考虑电机必须能够提供负载所需要的瞬时转矩和转速,就安全角度而言,就是能够提供克服峰值所需要的功率。其次,当电机的工作周期可以与其发热时间常数相比较时,必须考虑电机的热定额问题,通常以负载的均方根功率作为确定电机发热功率的基础。

如果要求电机在峰值下以峰值转速驱动负载,则电机功率可按下式估算:

$$P_\mathrm{m} \approx (1.5 \sim 2.5) \frac{M_\mathrm{LP} \omega_\mathrm{LP}}{\eta} \tag{7-1}$$

式中, P_m ——电机功率,W;

M_LP ——负载峰值力矩,N·m;

ω_LP ——负载峰值转速,rad/s;

η ——传动装置的效率,初步估算时取 $\eta=0.7 \sim 0.9$;

1.5~2.5——经验数据,它是考虑到初步估算负载力矩有可能取得不全面或不精确,以及电机有一部分功率要消耗在电机转子上而取的一个系数。

当电机长期连续地工作在变载荷之下时,比较合理的是按负载均方根功率估算电机功率:

$$P_\mathrm{m} \approx (1.5 \sim 2.5) \frac{M_\mathrm{Lr} \omega_\mathrm{Lr}}{\eta} \tag{7-2}$$

式中, M_Lr ——负载均方根力矩,N·m;

ω_Lr ——负载均方根转速,rad/s;

估算 P_m 后就可选取电机,使其额定功率 P_r 满足下式:

$$P_\mathrm{r} \geqslant P_\mathrm{m} \tag{7-3}$$

初选电机后,一系列技术数据,如额定转矩、额定转速、额定电压、额定电流、转子转动惯量等,均可在产品目录中直接查得或经过计算求得。

2. 发热校核

在一定转速下,负载的均方根力矩是与伺服电机处于连续工作时的热定额相对应的,因为电机的转矩与电流成正比或接近成正比,所以当负载力矩变动时,绕组电流 I_c 是变动的,而电机的发热量主要来自铜耗 RI。假定有一等效的稳恒电流 I_e,它在时间 T 内产生的热量 Q_e 与实际的变动电流在同一时间内产生的热量相等,即

$$Q_e = I_e^2 R_a T = \int_0^T I_c^2 R_a \mathrm{d}t$$

$$I_e = \sqrt{\frac{1}{T}\int_0^T I_c^2 \mathrm{d}t}$$

与等效电流对应的等效转矩 M_e 为

$$M_e = \sqrt{\frac{1}{T}\int_0^T M_m^2 \mathrm{d}t} \tag{7-4}$$

电机转矩 M_m 与折算到电机轴上的负载力矩 M_L^m 平衡,即 $M_m = M_L^m$,故

$$M_e = \sqrt{\frac{1}{T}\int_0^T (M_L^m)^2 \mathrm{d}t} \tag{7-5}$$

故

$$M_e = M_{Lr}^m \tag{7-6}$$

由此可见,负载的均方根力矩是与电机的热定额相对应的。

为校核发热,要求电机额定转矩 M_r 满足下式:

$$M_r \geqslant M_{Lr}^m \tag{7-7}$$

式(7-7)即为发热校核公式,该式也可用来直接按热定额选择电机。

3. 转矩过载校核

转矩过载校核的公式为

$$(M_L^m)_{\max} \leqslant (M_m)_{\max} \tag{7-8}$$

$$(M_m)_{\max} = \lambda M_r \tag{7-9}$$

式中,$(M_L^m)_{\max}$——折算到电机上的负载力矩的最大值;

$(M_m)_{\max}$——电机输出转矩的最大值(过载转矩);

M_r——电机额定转矩;

λ——电机的转矩过载系数。电机型式不同,过载时间长短不同,其值也不同。

具体数值最好向电机的设计、制造厂家了解。对直流伺服电机,一般估取 $\lambda \leqslant 2 \sim 2.5$;对交流伺服电机,一般估取 $\lambda \leqslant 1.5 \sim 2.5$。

在转矩过载校核时需要已知总传动比,方可将负载力矩向电机轴折算。

需要指出的是,电机的选择不仅取决功率,还取决于系统的动态性能要求、电源是直流还是交流等因素。

二、电机的转矩特性

1. 直流伺服电机的转矩特性

直流伺服电机按励磁方式可分为电磁式和永磁式两种。电磁式直流伺服电机的磁场由励磁绕组产生,其结构如图 7-11 所示;永磁式直流伺服电机的磁场由永磁体(永久磁铁)产生,其结构如图 7-12 所示。

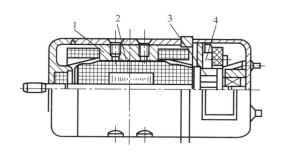

图 7-11 电磁式直流伺服电机

1—磁极和励磁绕组;2—电枢;3—换向器;4—电刷

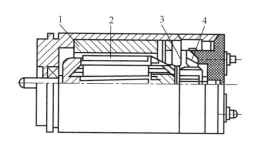

图 7-12 永磁式直流伺服电机

1—磁极(永久磁铁);2—电枢;3—换向器;4—电刷

由于直流伺服电机的结构、原理与一般直流电机相似,故直流电机的一些基本关系式对它都适合,如电枢电压,有

$$U_e = E_a + I_c R_a \tag{7-10}$$

式中,U_e——电枢绕组的控制电压,V;

I_c——电枢绕组的控制电流,A;

E_a——电枢绕组的反电势,V;

R_a——电枢绕组的总电阻,Ω。

对反电势有

$$E_a = K_E \omega_m \tag{7-11}$$

式中,ω_m——电枢转速,rad/s;

K_E——电机反电势常数,V·s/rad。

对转矩有

$$M_m = K_m I_c \tag{7-12}$$

式中,K_m——电机反电势常数,V·s/rad。

由式(7-10)和式(7-11),可得

$$I_c = \frac{U_c - E_a}{R_a} = \frac{U_c - K_E \omega_m}{R_a} \tag{7-13}$$

将式(7-13)代入式(7-12),得

$$M_m = \frac{K_m U_c}{R_a} - \frac{K_m K_E \omega_m}{R_a} \tag{7-14}$$

若令 α 为信号系数,且

$$\alpha = \frac{U_c}{U_e}$$

则式(7-14)可以写成

$$M_m = \alpha \frac{K_m U_c}{R_a} - \frac{K_m K_E \omega_m}{R_a} \tag{7-15}$$

当控制电压 U_e 等于励磁电压 U_c,即 $\alpha = 1$ 且转速 $\omega_m = 0$(堵转状态或启动状态)时,由式(7-15),可得

$$M_m = M_s = \frac{K_m U_c}{R_a} \qquad (7-16)$$

式中，M_s 为 $\alpha=1$ 时堵转扭矩（启动扭矩）。

当 $\alpha=1$ 时，转矩 $M_m=0$（即空载状态），由式(7-15)，得

$$\omega_m = \omega_0 = \frac{U_e}{K_E} \qquad (7-17)$$

若令 f 为电机的阻尼系数，且

$$f = \frac{K_m K_E}{R_a}$$

则式(7-15)可写为

$$M_m = \alpha M_s - f\omega_m \qquad (7-18)$$

式中，f 是常数，因此其转矩-转速特性曲线是随 α 不同而不同的一簇具有相同的负斜率的直线，如图 7-13 所示。

2. 交流伺服电机的转矩停住

普通交流伺服电机常用的转子有鼠笼转子、空心杯转子和永磁式转子三种，三种伺服电机分别如图 7-14、图 7-15、图 7-16 所示。

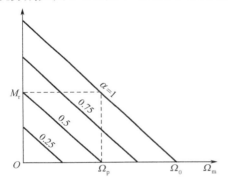

图 7-13 直流伺服电机的转矩-转速特性曲线

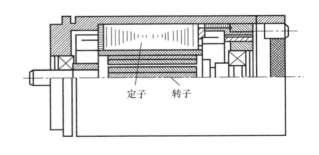

图 7-14 鼠笼转子交流伺服电机

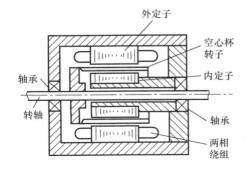

图 7-15 空心杯转子交流伺服电机

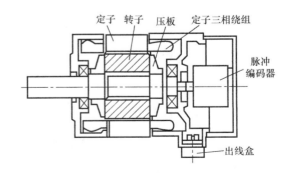

图 7-16 永磁式交流伺服电机

按电机理论,可将交流伺服电机的输出转矩归纳为如下形式:

$$M_m = \alpha M_{sa} - f_a \omega_m \tag{7-19}$$

式中,M_m——电机输出转矩,N·m;
ω_m——电机转子转速,rad/s;
M_{sa}——信号为 α 时的堵转转矩,N·m;
f_a——信号为 α 时的电机阻尼系数,N·m·s。

信号系数为控制电压 U_c 与励磁电压 U_e 的比值,即

$$\alpha = \frac{U_c}{U_e}$$

由微电机控制理论可知,式(7-19)中:

$$M_{sa} = \alpha M_s \tag{7-20}$$

式中,M_s 为当 $\alpha=1$ 的堵转扭矩,即产品目录上的堵转扭矩值。

$$f_a = \frac{\alpha^2 + 1}{2} f \tag{7-21}$$

式中,f 为 $\alpha=1$ 时的电机阻尼系数,且

$$f = \frac{M_s}{\omega_0} \tag{7-22}$$

式中,ω_0 为 $\alpha=2$ 时的空载转速,且

$$\omega_0 = 0.105 n_0 \tag{7-23}$$

将式(7-20)~(7-24)带入式(7-19)得到

$$M_m = \alpha M_s - \frac{(\alpha^2 + 1) M_s}{2\omega_0} \omega_m \tag{7-24}$$

由式(7-24)可知,交流伺服电机的转矩-转速特性曲线随信号系数 α 的不同而不同,如图 7-17 所示。它们可以视为是一簇具有不同负斜率的直线。当信号系数 $\alpha=1$ 时,曲线斜率为 $-\frac{M_s}{\omega_0}$,当信号系数 α 趋于零时,斜率趋于 $-\frac{M_s}{2\omega_0}$,即在零控制电压附近,交流伺服电机的转矩-转速特性曲线的斜率约为满控制电压时的一半。

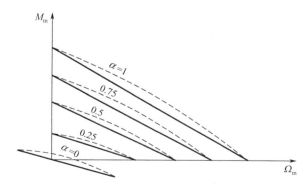

图 7-17 交流伺服电机的转矩-转速特性曲线簇

三、总传动比的选择

电机要克服的负载力矩有两种典型情况：一种是峰值力矩，它对应于电机最严重的工作情况，一般在机器人关节电机启动时出现；另一种为均方根力矩，它对应于电机长期连续地在变负荷下工作的情况。

1. 峰值力矩特性

折算到电机的负载峰值力矩为

$$M_{LP}^m = \frac{M_{LP}}{i_t \eta} + \frac{M_{fP}}{i_t \eta} + \left(J_m + J_G^m + \frac{J_L}{i_t^2 \eta}\right) i_t \varepsilon_{LP} \tag{7-25}$$

式中，J_G^m——传动装置各传动零件折算到电机轴上的转动惯量，$kg \cdot m^2$；

M_{LP}——作用在负载轴上的峰值力矩，如机器人最大抓重对应的作用力矩等，$N \cdot m$；

M_{fP}——作用在负载轴上的峰值摩擦力矩，$N \cdot m$；

J_m——电机轴上的转动惯量，$kg \cdot m^2$；

J_L——负载轴上的转动惯量，$kg \cdot m^2$；

η——传动装置的效率；

ε_{LP}——负载轴的峰值角加速度，rad/s^2。

由式(7-25)可知，折算到电机轴上的负载峰值力矩是总传动比的函数。式(7-25)称为负载的峰值力矩特性，对应的曲线如图7-18所示。

2. 均方根力矩特性

折算到电机轴上的负载均方根力矩为

$$M_{LP}^m = \sqrt{\left(\frac{M_{Lr}}{i_t \eta}\right)^2 + \left(\frac{M_{fr}}{i_t \eta}\right)^2 + \left[\left(J_m + J_G^m + \frac{J_L}{i_t^2 \eta}\right) i_t \varepsilon_{Lr}\right]^2} \tag{7-26}$$

式中，M_{Lr}——负载轴上的均方根作用力矩，$N \cdot m$；

M_{fr}——负载轴上的均方根摩擦力矩，$N \cdot m$；

ε_{Lr}——负载轴上的均方根角加速度，rad/s^2。

由式(7-26)可知，折算到电机轴上的负载均方根力矩也是总传动比的函数，对应的曲线如图7-19所示。

3. "折算峰值力矩最小"的最佳总传动比

令 $dM_{LP}^m/di_t = 0$，由式(7-25)可得"折算峰值力矩最小"的最佳总传动比为

$$i_{opt} = \sqrt{\frac{M_{LP} + M_{fP} + J_L \varepsilon_{LP}}{(J_m + J_G^m)\varepsilon_{LP} \eta}} \tag{7-27}$$

将式(7-27)代入式(7-25)，得到在这一最佳总传动比上折算的峰值力矩最小值为

$$M_{LP}^m = 2\frac{\sqrt{(M_{LP} + M_{fP} + J_L \varepsilon_{LP})(J_m + J_G^m)\varepsilon_{LP}\eta}}{\eta} \tag{7-28}$$

此时电机输出扭矩 M_m 与负载峰值力矩的最小值 $(M_{LP}^m)_{min}$ 平衡，即

$$M_m = (M_{LP}^m)_{min}$$

项目七 工业机器人关节机构与驱动控制

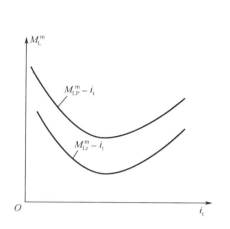

图 7-18 负载的力矩特性

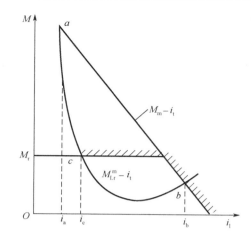

图 7-19 转矩特性和均方根的力矩特性

因此

$$\frac{1}{2}M_m = \frac{\sqrt{(M_{LP}+M_{fP}+J_L\varepsilon_{LP})(J_m+J_G^m)\varepsilon_{LP}\eta}}{\eta} \times \frac{\eta}{\eta}\frac{\sqrt{M_{LP}+M_{fP}+J_L\varepsilon_{LP}}}{\sqrt{M_{LP}+M_{fP}+J_L\varepsilon_{LP}}}$$

$$= \frac{M_{LP}+M_{fP}+J_L\varepsilon_{LP}}{i_{opt}\eta}$$

$$\frac{1}{2}M_m = \frac{\sqrt{(M_{LP}+M_{fP}+J_L\varepsilon_{LP})}}{\eta} \times \frac{(J_m+J_G^m)\varepsilon_{LP}}{\sqrt{(J_m+J_G^m)\varepsilon_{LP}\eta}}$$

$$= (J_m+J_G^m)i_{opt}\varepsilon_{LP} \tag{7-29}$$

由此可见,在此最佳传动比上,电机的输出转矩有一半作用于电机的转子和传动装置。

4."折算均方根力矩最小"的最佳总传动比

令 $dM_{LP}^m/di_t=0$,由式(7-26)可得"折算均方根力矩最小"的最佳总传动比为

$$i_{opt}=\sqrt[4]{\frac{M_{Lr}^2+M_{fr}^2+(J_L\varepsilon_{Lr})^2}{[(J_m+J_G^m)\varepsilon_{LP}\eta]^2}} \tag{7-30}$$

对应于一定的负载转速要求,当伺服电机与负载通过"折算峰值力矩最小"的总传动比进行匹配时,电机克服负载峰值力矩所消耗的功率最小;同样,当与通过"折算均方根力矩最小"的总传动比进行匹配时,电机克服负载均方根力矩所消耗的功率就最小。从这个意义上讲,最佳总传动比实现了功率的最佳传递,即实现了能量的最佳传递。

任务三 工业机器人关节伺服控制

一、机器人控制系统的一般构成

1. 机器人控制的分层概念

对于一个具有高度智能的机器人的控制实际上包含了"任务规划"、"动作规划"、"轨迹规划"和基于规模的"伺服控制"等多个层次,如图 7-20 所示。机器人首先要通过人机接口获取操作者的指令,指令的形式可以是人的自然语言,或者是由人发出的专用的指令语言,

也可以是通过示教工具输入的示教指令,或者键盘输入的机器人指令语言以及计算机程序指令。机器人首先要对控制命令进行解释理解,把操作者的命令分解为机器人可以实现的"任务",这是任务规划。然后机器人针对各个任务进行动作分解,这是动作规划。为了实现机器人的一系列动作,应该对机器人每个关节的运动进行设计,这是机器人的轨迹规划。最底层是关节运动的伺服控制。

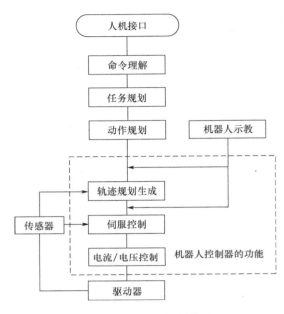

图 7-20 机器人控制分层

智能化程度越高,规划控制的层次越多,操作就越简单。反之,智能化程度越低,规划控制的层次越少,操作就越复杂。要设计一个具有高度智能的机器人,设计者就要完成从命令理解到关节伺服控制的所有工作,而用户只需要发出简单的操作命令。这对设计者来说是一项艰巨的工作,因为要预知机器人未来的各种工作状态,并且设计出各种状态的解决方案。实际应用的工业机器人,并不一定都具有各个层次的功能。大部分工业机器人的"任务规划"和"动作规划"是由操作人员完成的,有的甚至连"轨迹规划"也要由人工编程来实现。一般的工业机器人,设计者已经完成轨迹规划的工作,因此操作者只要为机器人设定动作和任务即可。由于工业机器人的任务通常比较专一,为这样的机器人设计任务,对用户来说并不是件困难的事情。

2. 机器人控制系统的硬件构成

如图 7-21 所示是机器人控制系统的一种典型的硬件结构,它是一个两级计算机控制系统。CPU2 的作用是进行电流控制,CPU1 的作用是进行轨迹计算和伺服控制,以及作为人机接口和与周边装置连接的通信接口。图中所表示的仅是机器人控制器基本的硬件构成,如果要求硬件结构具有更高的运算速度,那么必须再增加两个 CPU;如果要增加能进行浮点运算的磁处理器,则需要 32 位的 CPU。

项目七 工业机器人关节机构与驱动控制

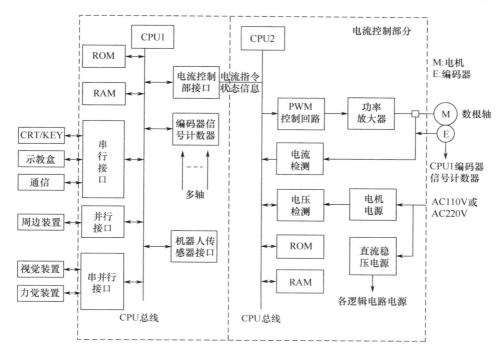

图 7-21 机器人控制器的硬件构成(1)

如图 7-22 所示表示另一种机器人控制器的硬件构成。图中 CPU1A 的作用是对机器人语言进行解释和实施,以及作为与周边装置连接的通信接口。CPU1B 的作用是对轨迹、位置与速度等参数进行软伺服控制。CPU2A 的作用是对电机的电流进行控制,有时 CPU-1A 还通过 MAP 制造自动化协议系统进行高速通信。

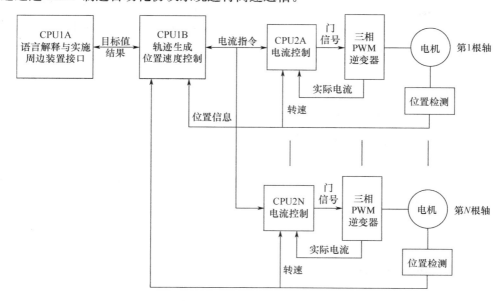

图 7-22 机器人控制器的硬件构成(2)

PUMA560 是美国 Unimation 公司生产的关节型机器人,由 6 个旋转关节组成。图 7-23 是 PUMA560 机器人控制系统的原理图。

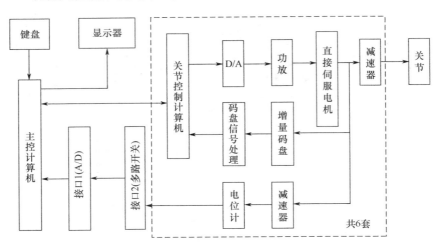

图 7-23 PUMA560 机器人控制系统的原理图

PUMA560 机器人的控制系统也是一个两级计算机控制系统。主控计算机采用 16 位的 LSL-11/23 芯片为 CPU,负责接收操作员设定的机器人工作任务和参数,并把有关任务分解为各关节的运动指令(这需要进行运动学的计算),同时对各关节的运动状态进行监测。主计算机通过总线与下层计算机通信,通过多路开关对各关节的监测进行扫描。关节伺服控制器采用 Applc 公司生产的 6503 芯片,这是 8 位的 CPU,通过 D/A 放大后控制直流伺服电机,并用增量式码盘进行反馈控制。由于主计算机只对关节运动进行粗略的监测,因此在主回路上,使用分辨率较低的 8 位 A/D 转换器。而在伺服控制回路,为了实现较高的控制精度,采用了分辨率为 12 位的 A/D 转换器。在实际控制中,主计算机每隔 28ms 向关节伺服控制器发送一次控制命令;关节伺服器则把它 32 等分,进行插补计算,然后进行伺服控制,实现预定作业。

3. 机器人软件伺服控制器

机器人系统由于存在非线性、耦合、时变等特征,完全的硬件控制一般很难使系统达到最佳状态;或者说,为了追求系统的完善性,会使系统硬件十分复杂。而采用软件伺服的办法,往往可以达到较好的效果,而又不增加硬件成本。所谓软件伺服控制,在这里是指利用计算机软件编程的办法,对机器人控制器进行改进。比如设计一个先进的控制算法,或对系统中的非线性进行补偿。

二、关节伺服控制

1. 机器人控制系统的特性和基本要求

机器人动力学方程的通式是:

$$\boldsymbol{\tau}=\boldsymbol{M}(q)\ddot{q}+\boldsymbol{h}(q,\dot{q})+\boldsymbol{b}\dot{q}+\boldsymbol{G}(q) \tag{7-31}$$

式中,$\boldsymbol{M}(q)\in \mathbf{R}^{n\times n}$ 为惯性矩阵;$\boldsymbol{h}(q,\dot{q})\in \mathbf{R}^{n}$ 为表示离心力和哥氏力的向量;$\boldsymbol{b}\in \mathbf{R}^{n\times n}$ 为黏性

摩擦系数矩阵;$G(q)\in \mathbf{R}^n$为表示重力项的向量;$\tau=[\tau_1 \quad \tau_2 \quad \cdots \quad \tau_n]^T$为关节驱动力向量。

由上述方程可知,机器人从动力学的角度来说,具有以下特性:

(1) 机器人本质是一个非线性系统。引起机器人非线性的因素很多,结构方面、传动件、驱动元件等都会引起系统的非线件。

(2) 各关节间具有耦合作用,表现为某一个关节的运动,会对其他关节产生动力效应,每一个关节都要承受其他关节运动所产生的扰动。

(3) 是一个时变系统,动力学参数随着关节运动位置的变化而变化。从使用的角度来看,机器人是一种特殊的自动化设备,对它的控制有如下特点和要求。

① 多轴运动协调控制,以产生要求的工作轨迹。因为机器人的手部运动是所有关节运动的合成运动,要使手部按照设定的规律运动,就必须很好地控制各关节协调动作,包括运动轨迹、动作时序等多方面的协调。

② 较高的位置精度,很大的调速范围。除直角坐标式机器人以外,机器人关节上的位置检测元件,不能安放在机器人末端执行器上,而是放在各自驱动轴上,因此这是位置半闭环系统。此外,由于存在开式链传动机构的间隙等,使得机器人总的位置精度降低,与数控机床相比,约降低一个数量级。一般地,机器人的位置重复精度为±0.1mm。但机器人的调速范围很大,这是由于工作时,机器人可能以极低的作业速度加工工件;而空行程时,为提高效率,以极高速度运动。

③ 系统的静差率要小。由于机器人工作时要求运动平稳,不受外力干扰,为此系统应具有较好的刚性,即要求有较小的静差率,否则将造成位置误差。例如,机器人某个关节不动,但由于其他关节运动时形成的耦合力矩作用在这个不动的关节上,使其在外力作用下产生滑动,形成机器人的位置误差。

④ 各关节的速度误差系数应尽量一致。机器人手臂在空间移动,是各关节联合运动的结果,尤其是当要求沿空间直线或圆弧运动时,即使系统有跟踪误差,仍应要求各轴关节伺服系统的速度放大系数尽可能一致,而且在不影响稳定性的前提下,尽量取较大的数值。

⑤ 位置无超调,动态响应尽量快。机器人不允许有位置超调,否则将可能与工件发生碰撞。加大阻尼可以减少超调,但却牺牲了系统的快速性。所以,设计系统时要很好地权衡折中这两者。

⑥ 需采用加(减)速控制。大多数机器人具有开链式结构,它的机械刚度很低,过大的加(减)速度都会影响它的运动平稳(抖动),因此在机器人启动或停止时应有加(减)速控制。通常采用匀加(减)速运动指令来实现。

⑦ 从操作的角度来看,要求控制系统具有良好的人机界面,尽量降低对操作者的要求。因此,在大部分情况下,要求控制器的设计人员完成底层伺服控制器设计的同时,还要完成规划算法,而把任务的描述设计成简单的语言格式则由用户完成。

⑧ 从系统成本来看,要求尽可能地降低系统的硬件成本,更多地采用软件伺服的方法来完善控制系统的性能。

2. 关节伺服控制

这是以关节位置或关节轨迹为目标值的控制形式。令关节的目标值为 $q_d = [q_{d1} \quad q_{d2} \quad \cdots \quad q_{dn}]^T$，图 7-24 给出了关节伺服系统的构成。目标值 q_d 可以根据末端目标值 r_d 由式(7-31)的反函数即逆运动学的计算得出，即

$$q_d = R^{-1}(q) \tag{7-32}$$

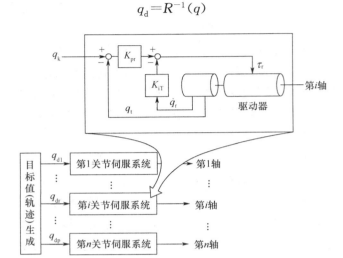

图 7-24 关节伺服系统构成

此外，工业机器人经常采用示教的方法。示教者实际上是一面看着手臂末端，一面进行示教，所以不需要进行式(7-32)的计算就能直接给出 q_d。要想使手臂静止于某一点时，只要对 q_d 取一定值即可，当欲使手臂从某点向另一点逐点移动或使之沿某一轨迹运动时，则必须按时间变化给出 q_d。

现在为简便起见，假设忽略不计驱动器的动态特性，各关节的驱动力可直接给出，这时最简单的一种伺服控制系统如下：

$$\tau_i = k_{pi}(q_{di} - q_i) - k_{vi}\dot{q} \tag{7-33}$$

其中，k_{pi} 是比例增益，k_{vi} 是速度反馈增益。对于全部关节，可将式(7-33)用矩阵形式表示如下：

$$\tau = K_p(q_d - q_i) - K_v\dot{q} \tag{7-34}$$

式中，$K_p = \text{diag}(k_{pi})$，$K_v = \text{diag}(k_{vi})$。这种关节伺服系统把每一个关节作为单纯的单输入单输出系统来处理，所以结构简单。现在的工业机器人大部分都由这种关节伺服系统来控制。但从式(7-31)可知，手臂的动态特性，严格地说每个关节都不是单输入单输出的系统，而是存在着关节间惯性项和速度项的动态耦合。在式(7-34)所表示的关节伺服中，是把这些耦合当做外部干扰来处理的，而为了减少外部干扰的影响，增益 k_{pi}，k_{vi} 将在保持稳定性范围内尽量设置得大一些。但是无论怎样加大增益，手臂在静止状态下，因受重力项的影响，各关节也会产生定常偏差。即在式(7-31)和式(7-34)中，若 $\ddot{q} = \dot{q} = 0$，将产生下式所示的定常

偏差：
$$e = q_d - q = K_p^{-1} G(q) \tag{7-35}$$

有时为使该定常偏差为零,在式(7-35)中再加上积分项,构成下式：

$$\tau = \boldsymbol{K}_p (q_d - q_i) - \boldsymbol{K}_v \dot{q} + \boldsymbol{K}_i \int (q_d - q_i) \mathrm{d}t \tag{7-36}$$

式中,$\boldsymbol{K}_i$ 为积分环节增益矩阵,和 $\boldsymbol{K}_p$,$\boldsymbol{K}_v$ 一样,也是对角矩阵。过去,这些伺服系统通常是用模拟电路构成,而近年由于微处理机和信号处理机等高性能、低价格的计算用器件的普及,伺服系统的一部分或全部用数字电路构成的所谓软件伺服已很普遍。

软件伺服与模拟电路的情况相比,能进行更精细的控制。例如,各关节的增益 k_{pi} 和 k_{vi} 可以设计成是变化的,这样可以获得手臂不同姿势所期望的响应特性。

习题七

1. 机器人控制系统有哪些特点？
2. 对机器人控制系统的基本要求有哪些？
3. 简述机器人控制方法的分类。
4. 智能机器人的控制一般可分为哪几个层次？
5. 以 PUMA560 机器人为例,说明机器人控制系统的硬件结构。
6. 什么叫机器人的软件伺服？它的作用和优点是什么？

项目八 工业机器人与智能视觉系统应用综合训练

教学导航

教	知识重点	1. MELFA-BASIC 语言基础知识 2. 三菱 PLC 梯形图编程
	知识难点	1. 工业机器人控制程序的编写 2. 智能视觉系统工作流程编辑
	推荐教学方式	演示与理论教学相结合
	建议学时	8～12 学时
学	推荐学习方法	学做合一
	必须掌握的理论知识	1. 工业机器人编程 MELFA-BASIC 语言 2. 三菱 PLC 梯形图编程
做	必须掌握的技能	1. 三菱 PLC 基本操作、软件使用、三菱工业机器人参数设置 2. 三菱工业机器人编程调试 3. 欧姆龙智能视觉系统参数设置 4. 欧姆龙智能视觉系统工作流程编辑 5. PLC 主控制器编程调试

任务一 工业机器人设备安装

一、任务要求

任务要求如下:

(1) 了解三菱六自由度工业机器人设备组成与功能特性。

(2) 利用 THMSRB-3 型工业机器人与智能视觉系统应用实训平台对三菱六自由度工业机器人进行安装和接线操作。

① 安装机器人底座和本体;

② 安装抓手;

③ 安装传感器;

④ 安装电磁阀;

⑤ 焊接、连接电路;

⑥ 连接工业机器人电源及信号驱动电缆和气动回路。

二、三菱六自由度工业机器人设备组成与功能特性

1. 三菱六自由度工业机器人设备组成

三菱 RV-3SD 六自由度工业机器人，如图 8-1 所示，由机器人本体、机器人控制器、示教单元和抓取机构、连接电缆（见图 8-2）等部分组成，可对工件进行抓取、吸取、搬运、装配、拆解、打磨、测量等操作，也可以在装配过程进行实时视觉检测操作等。

机器人本体　　　　　　　　机器人控制器　　　　　　　　机器人示教单元

图 8-1　三菱 RV-3SD 六自由度工业机器人主要部件

图 8-2　三菱 RV-3SD 连接电缆

2. 三菱 RV-3SD 六自由度工业机器人的功能特征

构造：垂直多关节型；

驱动方式：交流伺服电机驱动；

位置检测方式：绝对值编码器；

可搬质量：额定 3kg，最大 3.5kg；

位置往返精度：±0.02mm；

最大合成速度：5500mm/s；

手臂到达半径：642mm。

三、三菱六自由度工业机器人的安装和接线操作

THMSRB-3 型工业机器人与智能视觉系统应用实训平台如图 8-3 所示，其中件 1 为机器人示教单元，件 2 为 RFID 读写器，件 3 为机器人本体，件 4 为智能视觉控制器，件 5 为机

器人控制器,件 6 为工件传送单元,件 7 为工件推料单元,件 8 为智能视觉监视显示器,件 9 为工件装配单元,件 10 为 PLC 主控制器,件 11 为变频器。

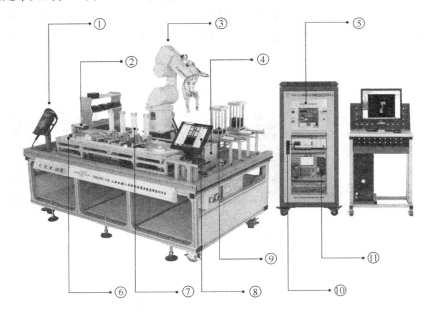

图 8-3　THMSRB-3 型工业机器人与智能视觉系统应用实训平台

1. 安装机器人底座和本体

(1) 安装底座

将图 8-4 所示的机器人底座安装到型材实训桌上。

图 8-4　机器人底座

(2) 安装机器人本体

将图 8-5 所示的 RV-3SD 机器人本体安装到机器人底座上。

2. 机器人本体部分装配与接线

(1) 安装抓手

① 将图 8-6 所示抓手法兰与机器人本体固联(法兰圆端面位于与机器人本体 J6 关节机械限位处,如图 8-5 所示)。

② 将图 8-7 所示大口气夹与抓手法兰固联。

项目八 工业机器人与智能视觉系统应用综合训练

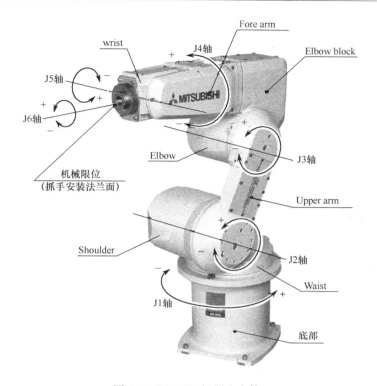

图 8-5 RV-3SD 机器人本体

图 8-6 抓手法兰

图 8-7 大口气夹

③ 将两个侧板、两个气动接头、两只磁性开关安装到大口气夹上,如图 8-8 所示。

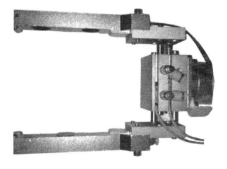

图 8-8 抓手

(2)安装传感器

安装光纤传感器接收器、真空发生器到机器人本体上,安装位置如图8-9所示。

(3)安装电磁阀

将电磁阀安装到机器人本体电磁阀底板(J4轴的上方盖板)上,如图8-10所示。

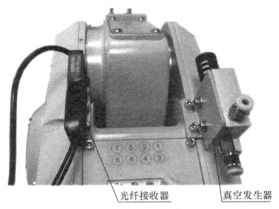

图8-9 光纤接收器、真空发生器安装位置

图8-10 电磁阀安装板

(4)焊接、连接电路

根据表8-1,使用电烙铁焊接电磁阀控制信号端(须用热缩管绝缘)。

表8-1 电磁阀控制信号连接

电磁阀组别	控制线	GR1端口号	电磁阀组别	控制线	GR1端口号
第一组A端	红色线	A1	第二组A端	红色线	A1
	黑色线	A4		黑色线	B2
第一组B端	红色线	A1	第二组B端	红色线	A1
	黑色线	A3		黑色线	B1

抓手输入信号接线:使用电烙铁焊接磁性开关、光纤传感器的信号输出端与抓手输入信号接口线(弹簧线)的HC端,使用一对8P的AMP接插件,信号连接关系如表8-2所示。

表8-2 抓手输入信号连接关系

元器件	AMP插头端(D-2)	AMP插帽端(D-2100)	HC端
光纤传感器——棕色线	A1红色	A1红色	黄色
光纤传感器、两只磁性开关——三根蓝色线合在一起	A2棕色	A2棕色	绿色
磁性开关1——棕色线	A3绿色	A3绿色	紫色
磁性开关2——棕色线	B1黄色	B1黄色	棕色
光纤传感器——黑色线	B2白色	B2白色	蓝色

将抓手输入电缆HC1和HC2端穿过电磁阀安装板上的穿线孔并用自带的塑料螺母固定;将抓手输入电缆HC1和HC2端分别与本体J4关节内HC1和HC2端对插连接;电磁阀GR1端与本体J4关节内GR1端对插连接;本体J4关节内白色气管与电磁阀阀岛P口

接头连接,黑色气管与电磁阀阀岛 R 口接头连接;将电磁阀安装板装回本体 J4 关节原位并固定。

连接抓手上的三个气动接头、真空发生器输入输出气动接头和电磁阀安装板上的进出气动接头之间的气管。将气管、光纤、光纤传感器输出线从抓手输入电缆(弹簧线)中间穿过,并整理捆扎此线束,如图 8-11 所示。连接工业机器人电源及信号驱动电缆和气动回路。

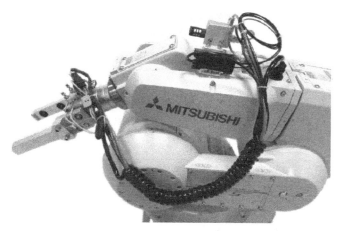

图 8-11 本体安装接线效果图

用图 8-2 所示的电缆线连接机器人本体与控制器,将机器人底座处的气管插入到机器人本体的进气口。

四、考核报告单

1. 实训报告

操作结束后,学生按要求,结合实训心得体会,写出实训报告(详细记录实训全过程),特别要注意下面几个内容:

(1) 各种规格的装配螺钉的使用;
(2) 装配部件的安装方向(侧板、大口气夹、法兰等);
(3) 连接线的颜色代表不同的信号;
(4) 安装、接线的工艺要求;

2. 成绩评定

由指导教师根据学完成硬件制作的情况及调试结果并结合学生实训中的表现和实训报告评定成绩。

任务二 工业机器人设置与编程调试

一、任务要求

1. 掌握三菱工业机器人参数设置;
2. 熟悉工业机器人程序设计。

二、三菱参数工业机器人设置

1. 设置机器人序列号

每一台机器人本体都有一个唯一的序列号,标识在本体 J1 轴后面(线缆接口座上方)的标签上,如"SERIAL　DA106019R",画线的字符串即为序列号。

打开机器人软件 RT ToolBox2 并联机,操作如下:选择"在线"→"参数"→"参数一览"菜单命令,在"参数名"后的文本框内输入"RBSERIAL",单击"读出"按钮,在弹出的"参数的编辑"对话框中将目标机器人的序列号输入到文本框中,如图 8-12 所示。单击"写入"按钮,确定写入,确定重启控制器完成设置。

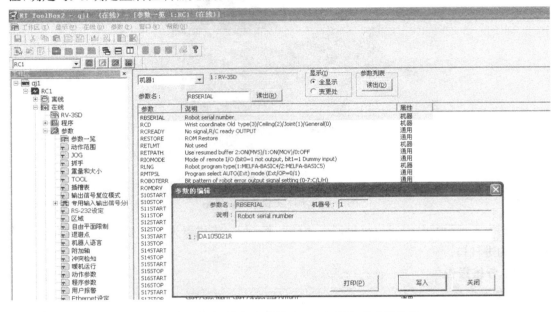

图 8-12　机器人软件参数设置——机器人序列号编辑

2. 设置机器人的跟踪许可

跟踪许可设置,输入 1 为使用,0 为禁用。

打开机器人软件并联机,选择"在线"→"参数"→"参数一览"菜单命令,在"参数名"后的文本框内输入"TRMODE",单击"读出"按钮,在弹出的"参数的编辑"对话框中输入 1,单击"写入"按钮。如图 8-13 所示,确定写入,确定重启控制器完成设置。

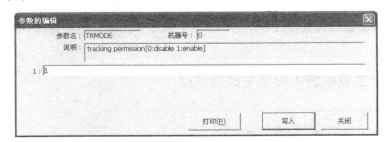

图 8-13　机器人跟踪许可编辑对话框

3. 专用输入输出信号分配设置

打开机器人软件并联机,选择"在线"→"参数"→"专用输入输出信号分配"→"通用1"菜单命令,将输入信号的"启动"设为3,"停止"设为0,"程序复位"设为2,"伺服OFF"设为1,"伺服ON"设为4,"操作权"设为5,其他设为空;将输出信号的"运行中"设为2,其他设为空。如图8-14所示,单击"写入"按钮,确定重启控制器完成设置。

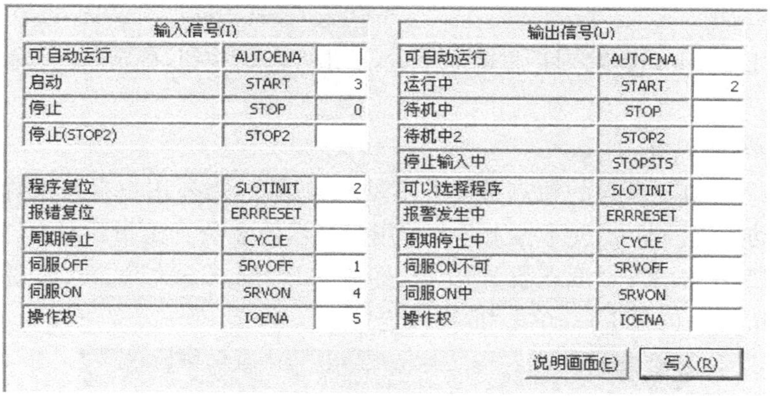

图8-14 专用输入输出信号分配设置对话框

4. 网络设置

以太网通信设置,包括设置本机IP地址、与之组网的智能视觉系统和PLC的IP地址和端口号。

打开机器人软件并联机,选择"在线"→"参数"→"Ethernet设定"菜单命令,在线路和设备的设定区"COM2:"后的下拉框中选择"OPT11",在"COM3:"后的下拉框中选择"OPT12";在通信设定区"NETIP"后的文本框中输入本机IP地址"192.168.1.20",如图8-15所示。

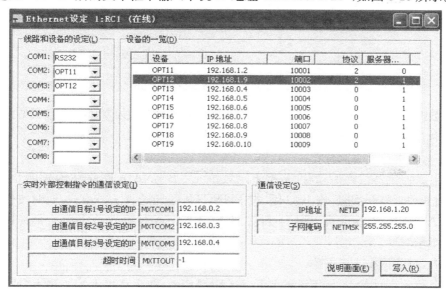

图8-15 机器人软件以太网通信设置对话框

双击设备的一览中的"OPT11"所在行,设置与智能视觉的通信参数:IP 地址为 192.168.1.2,端口号为 10001,协议为 2,服务器设定为 0,结束编码为 0,单击"OK"按钮确定。

双击设备的一览中的"OPT12"所在行,设置与 PLC 的通信参数:IP 地址为 192.168.1.9,端口号为 10002,协议为 2,服务器设定为 1,结束编码为 0,单击"OK"按钮确定。

最后,在"Ethernet 设定"对话框的右下方,单击"写入"按钮,确定写入、确定重启控制器完成设置。

5. 机器人原点设置

当前机器人控制器所设的原点可能并不是机械原点,需要用户自行设置机器人原点。操作如下:手动控制机器人,使本体上各关节用于指示原点的三角指示对准,然后用软件联机;选择"在线"→"维护"→"原点数据"命令,选择"ABS 原点方式"选项,如图 8-16 所示,选中 J1,J2,…,J6 后面的复选框,单击"原点设定"按钮。

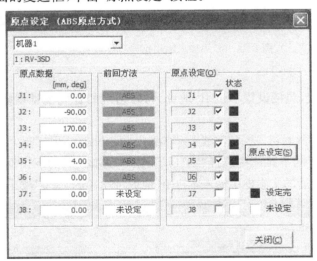

图 8-16 机器人软件原点设定对话框

原点数据不正确或丢失时,往往出现无法用常规手动方式控制机器人各关节的运行,在这种情况时,有两种特殊操作方式可以将各关节调节到机械原点位置。

方式一:示教单元强制操作。

将机器人控制器拨到手动状态,按下示教单元 TB ENABLE,按住示教单元有效开关(背面三档开关),打开伺服,按 JOG 键,按 FUNCTION 键选择关节模式,同时按住 RESET 和 CHARACTER 键,这时可以按 J1 到 J6 的"+"、"-"控制关节了,选择合适的速度,使关节的三角指示对准。

方式二:解除抱闸人工操作。

控制器拨到手动状态,按下示教单元 TB ENABLE,在主菜单下按 4 进入"原点/抱闸"界面,按 2 进"解除抱闸"界面,默认 J1 到 J6 的解除抱闸参数都为"0",按方向键选择需要解闸的关节,并将当前关节的参数改为"1",这时按住示教单元有效开关(背面三档开关),同时按住 F1 不放,机器人当前关节就解除抱闸了,可以靠人力移动了,使机器人当前关节的三角指示对准。

6. 机器人跟踪参数设置(调试 A 程序和 C 程序)

(1) A 程序调试

① 联机,在调试状态下打开主程序,将机器人运行到 P0 点后关闭主程序。

② 打开机器人软件并联机,选择"在线"→"监视"→"动作监视"→"程序监视"→"编辑插槽"命令。

③ 机器人控制器拨到手动状态,按下示教单元 TB ENABLE,使用示教单元在手动状态下打开"A"程序,并跳转到第一步,此时该程序在计算机插槽窗口中显示。

④ 手动单步运行程序(逐步按前进)到 13 步。注:按 FUNCTION 键切换成前进,按 F1 键单步运行程序。

⑤ 下载并运行直流电机调试用 PLC 程序,按"运行"按钮,直线输送带动作(切换控制柜中的下方开关可以改变输送带的传送方向),按"停止"按钮则输送带停止动作。使同步带上的字符停留在对射传感器处,机器人抓手夹持定位工装;手动运行机器人(切换成 JOG 操作)到同步带上的字符处(第一次机器人位置,操作时贴近同步带,对准某个字符,并记住该字符的位置)。

⑥ 手动单步运行程序(逐步按前进)到 17 步。

⑦ 使输送带正转,同步带上的字符向前移动 20~30cm 后停止;切换到 JOG 操作,手动运行机器人到与第一次机器人位置示教时相同的字符位置处(第二次机器人位置),关闭 JOG 操作。

⑧ 继续手动单步运行程序(逐步按前进)一直到程序结束(END),关闭并保存程序。

(2) C 程序调试

① 联机,在调试状态下打开主程序,将机器人运行到 P0 点后关闭主程序。

② 打开机器人软件并联机,选择"在线"→"监视"→"动作监视"→"程序监视"→"编辑插槽"命令,打开的对话框如图 8-17 所示。

③ 机器人控制器拨到手动状态,按下示教单元 TB ENABLE,使用示教单元在手动状态下打开"C"程序。

④ 手动单步运行程序(逐步按前进)到 22 步。

⑤ 激活取料检测对射传感器(用工件挡住)。

⑥ 手动单步运行程序(逐步按前进)到 24 步,运行直流电机调试用 PLC 程序,使输送带正转,标记向前移动 20~30cm;手动移动机器人(切换成 JOG 操作)到物料正上方(吸取位置,吸盘压住工件),关闭 JOG 操作。

⑦ 手动单步运行程序(逐步按前进)一直到结束(END),关闭并保存程序。

⑧ 手动抬升机器人,取下吸盘。

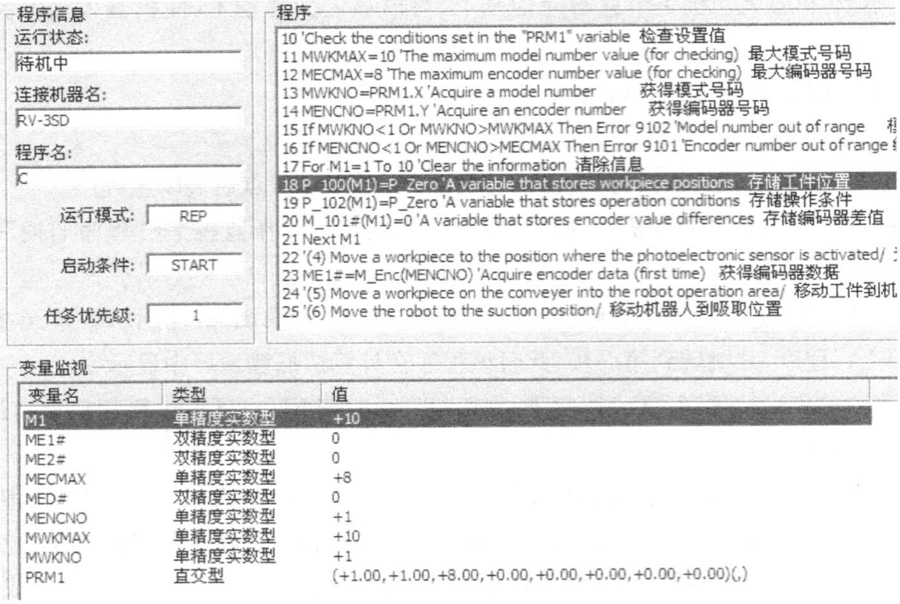

工业机器人与机械手

```
程序信息                    程序
运行状态:                    10 'Check the conditions set in the "PRM1" variable  检查设置值
待机中                      11 MWKMAX=10 'The maximum model number value (for checking) 最大模式号码
连接机器名:                  12 MECMAX=8 'The maximum encoder number value (for checking) 最大编码器号码
RV-3SD                     13 MWKNO=PRM1.X 'Acquire a model number      获得模式号码
程序名:                     14 MENCNO=PRM1.Y 'Acquire an encoder number   获得编码器号码
C                          15 If MWKNO<1 Or MWKNO>MWKMAX Then Error 9102 'Model number out of range
                           16 If MENCNO<1 Or MENCNO>MECMAX Then Error 9101 'Encoder number out of range
运行模式:    REP            17 For M1=1 To 10 'Clear the information  清除信息
                           18 P_100(M1)=P_Zero 'A variable that stores workpiece positions 存储工件位置
启动条件:   START           19 P_102(M1)=P_Zero 'A variable that stores operation conditions 存储操作条件
                           20 M_101#(M1)=0 'A variable that stores encoder value differences 存储编码器差值
任务优先级:    1            21 Next M1
                           22 '(4) Move a workpiece to the position where the photoelectronic sensor is activated/
                           23 ME1#=M_Enc(MENCNO) 'Acquire encoder data (first time) 获得编码器数据
                           24 '(5) Move a workpiece on the conveyer into the robot operation area/ 移动工件到机
                           25 '(6) Move the robot to the suction position/ 移动机器人到吸取位置

变量监视
变量名     类型        值
M1        单精度实数型   +10
ME1#      双精度实数型   0
ME2#      双精度实数型   0
MECMAX    单精度实数型   +8
MED#      双精度实数型   0
MENCNO    单精度实数型   +1
MWKMAX    单精度实数型   +10
MWKNO     单精度实数型   +1
PRM1      直交型       (+1.00,+1.00,+8.00,+0.00,+0.00,+0.00,+0.00,+0.00)(,)
```

图 8-17　编辑插槽监视对话框

三、机器人控制程序设计与调试

1. 工件装配流程

装配任务由工件装配流程软件指定,装配任务所使用工件(红色、蓝色、黄色)的电子标签已事先写入了数据。

由工件装配流程软件随机指定第一组、第二组、第三组的工件,只用红色、蓝色、黄色的工件。仓库的位置定义如图 8-18 所示,仓库的优先级别为编号越小级别越高(存放顺序从小到大)。

7	8	9
6	5	4
1	2	3

图 8-18　仓库位置定义

(1) 增加分拣功能

分拣功能具体要求如下:

① 由 PLC 配合 RFID 对传送带上的工件进行信息读取,与工件装配流程软件下发的数据比对,并控制机器人进行如下操作:工件是匹配的,则放置到相对应的工件槽中;工件是不匹配的或重复出现的,则继续等待下一个。

② 要求机器人必须通过以太网传输获得 PLC 提供的工件分拣信息。

(2) 视觉检测竖向拍照控制程序设计与调试

具体要求如下:

① 视觉检测竖向拍照在装配台上进行。

② 对每个工件槽进行竖向视觉检测,得到该工件槽中放置的工件编号、颜色、偏差角度三个信息,并将其视觉检测信息进行保存。

③ 必须通过以太网传输获得视觉控制器提供的视觉检测信息。

(3) 视觉检测竖向比对程序设计与调试

具体要求如下：

① 根据 PLC 提供的工件信息和视觉检测信息对每个工件槽的工件进行比对，判断编号是否与装配任务一致。

② 根据 PLC 提供的工件信息和视觉检测信息对每个工件槽的工件进行比对，判断颜色是否与装配任务一致。

③ 如果比对中有不一致的工件，应将该工件盒当作废品，并由机器人将该工件盒搬运到废品框中，然后直接跳到下一工件盒继续比对，直至比对结束。

(4) 装配任务工件角度调整程序设计与调试

具体要求如下：

① 根据装配任务视觉检测角度偏差信息对每个工件槽的工件进行角度调整，使各工件（编号字形）方向统一正对朝右。注：学员面朝视觉显示器。

② 要求角度调整时工件底面必须高于工件槽 3mm。

③ 角度偏差小于等于 5°的工件不需要调整。

(5) 装配任务视觉检测横向拍照控制程序设计与调试

具体要求如下：

① 视觉检测横向拍照在横向检测台上进行，机器人需先将工件盒搬运到横向检测台上。

② 对工件盒进行横向视觉检测，得到该工件盒中工件的高度信息，并将其视觉检测信息进行保存。

③ 必须通过以太网传输获得视觉控制器提供的视觉检测信息。

(6) 装配任务视觉检测横向比对程序设计与调试

具体要求如下：

① 根据 PLC 提供的工件信息和视觉检测信息对每个工件盒的工件进行比对，判断高度是否一致。

② 要求检测工件盒的 1 号工件槽或 3 号工件槽两个位置之中有没有高工件，2 号工件槽或 4 号工件槽两个位置之中有没有高工件。注：只需检测工件盒中高工件的左右位置，不需确认高工件的前后位置。如果比对中有不一致，应将该工件盒当作废品，并由机器人将该工件盒搬运到废品框中。

(7) 装配任务加装件盖、入库程序设计与调试

具体要求如下：

① 将前面步骤中高度比对合格的工件盒加上工件盖。

② 将加上工件盖的工件盒搬运到成品仓库空位中（要求放置的仓库位置按优先级别从小到大顺序排列），使用抓手上的光纤传感器检测仓库是否为空。

③ 工件盒入库后继续视觉检测横向拍照和比对下一个工件盒，装配台上工件盒全部操作完成。

④ 当装配任务完成后,机器人回到初始位置并停止动作。

(8) 优化装配任务中的有关操作

优化装配任务中的有关操作,使机器人运行过程中不需要操作的工件槽,不进行相应的操作,具体如下:工件装配流程软件指定工件时,当有工件盒为空时,则不需要进行放盒子操作;当有工件槽为空时,则不需要对空的工件槽进行拍照、角度调整操作。

(9) 机器人位置点设置

使用示教单元设置并调整机器人相关位置点,具体见表 8-3。

表 8-3　机器人运行位置点

序号	位置点名称	位置点说明	序号	位置点名称	位置点说明
1	P90	仓库左下位置	16	PV32	在 3 号台 3 号工件槽上拍照位置
2	P91	仓库右下位置	17	PV33	在 3 号台 4 号工件槽上拍照位置
3	P92	仓库左上位置	18	PV40	横向拍照位置
4	P93	仓库右上位置	19	PPT11	1 号台 1 号工件槽放置位置
5	PH1	横向视觉检测台上方位置	20	PPT12	1 号台 2 号工件槽放置位置
6	PV10	在 1 号台 1 号工件槽上拍照位置	21	PPT13	1 号台 3 号工件槽放置位置
7	PV11	在 1 号台 2 号工件槽上拍照位置	22	PPT14	1 号台 4 号工件槽放置位置
8	PV12	在 1 号台 3 号工件槽上拍照位置	23	PPT21	2 号台 1 号工件槽放置位置
9	PV13	在 1 号台 4 号工件槽上拍照位置	24	PPT22	2 号台 2 号工件槽放置位置
10	PV20	在 2 号台 1 号工件槽上拍照位置	25	PPT23	2 号台 3 号工件槽放置位置
11	PV21	在 2 号台 2 号工件槽上拍照位置	26	PPT24	2 号台 4 号工件槽放置位置
12	PV22	在 2 号台 3 号工件槽上拍照位置	27	PPT31	3 号台 1 号工件槽放置位置
13	PV23	在 2 号台 4 号工件槽上拍照位置	28	PPT32	3 号台 2 号工件槽放置位置
14	PV30	在 3 号台 1 号工件槽上拍照位置	29	PPT33	3 号台 3 号工件槽放置位置
15	PV31	在 3 号台 2 号工件槽上拍照位置	30	PPT34	3 号台 4 号工件槽放置位置

2. 参考程序

机器人控制程序的参考程序如下:

```
*S00MAIN                        '主程序
GoSub *S10INIT                  '初始化处理
m5=7                            '仓库首个库位设为 1 号
m50=1
*LOOP                           '主循环
GoSub *S90HOME                  '原点返回处理
'GoSub *ZhaoShou                '招手动作,展示用
M_Out(8)=1                      '输出完成,复位信号为 1——已就绪 (X36)
Dly 0.5
'
m0=0                            '一个装配流程是否结束,1 为结束
```

```
m1=0                            '1号装配台正常
m2=0                            '2号装配台正常
m3=0                            '3号装配台正常
m7=0                            '拆解标志
m8=0                            '拆解仓库第9个仓位有无标志位
m31=0                           '1号装配台正常
m32=0                           '2号装配台正常
m33=0                           '3号装配台正常
m100=0                          '工件参数清零
m105=0                          '工件参数清零
m110=0                          '工件参数清零
m115=0                          '工件参数清零
m120=0                          '工件参数清零
m125=0                          '工件参数清零
m130=0                          '工件参数清零
m135=0                          '工件参数清零
m140=0                          '工件参数清零
m145=0                          '工件参数清零
m150=0                          '工件参数清零
m155=0                          '工件参数清零
'
Wait M_In(9)=1                  '等待接收运行信号为1——可取盒(Y14)
Dly 0.5
M_Out(8)=0                      '输出完成复位信号为0~X36
GoSub *RecDat_PLC               '接收PLC装配流程数据
GoSub *Jia_He                   '夹取工件盒到装配台子程序
GoSub *Jia_XiPan                '夹取吸盘工装子程序
Mov P111                        'P12到P0的过渡
'
'
*LOOP1                          '装配检测循环
    Mvs P0                      '运行到吸取等待位置
    M_Out(5)=1                  '机器人等待吸取信号为1——已到位(X33)
    Open "COM3:" As #2          '打开网络端口(与PLC相接的以太网端口)
    Wait M_Open(2)=1
    Input #2,m10,m11,m12,m13    'm10工件放置的位置
                                'm11工件参数(其中个位数为编号,十位数为颜
                                ' 色和高度)
                                'm12表示是否还有下一个工件(1为没有)
```

```
        Close ♯2                              'm13 表示是否为有用工件(1 为没用)
    'If m13>0 Then GoSub *FJ
        Select m10
            Case 1
                PPT0=PPT11                    '设定 PPT11 为工件放置目标位置
                Break
            Case 2
                PPT0=PPT12                    '设定 PPT12 为工件放置目标位置
                Break
            Case 3
                PPT0=PPT13                    '设定 PPT13 为工件放置目标位置
                Break
            Case 4
                PPT0=PPT14                    '设定 PPT14 为工件放置目标位置
                Break
            Case 5
                PPT0=PPT21                    '设定 PPT21 为工件放置目标位置
                Break
            Case 6
                PPT0=PPT22                    '设定 PPT22 为工件放置目标位置
                Break
            Case 7
                PPT0=PPT23                    '设定 PPT23 为工件放置目标位置
                Break
            Case 8
                PPT0=PPT24                    '设定 PPT24 为工件放置目标位置
                Break
            Case 9
                PPT0=PPT31                    '设定 PPT31 为工件放置目标位置
                Break
            Case 10
                PPT0=PPT32                    '设定 PPT32 为工件放置目标位置
                Break
            Case 11
                PPT0=PPT33                    '设定 PPT33 为工件放置目标位置
                Break
            Case 12
                PPT0=PPT34                    '设定 PPT34 为工件放置目标位置
```

```
            Break
        End Select
        GoSub *S20TRGET              '检测到工件来,进行跟踪工件并吸取操作
        If m13=1 And m10=0 Then *FeiLiao0   '不要的工件放废料框中
        GoSub *S30WKPUT              '工件放置处理
   *Goon
        If m12=1 Then *Vtest         'm12=1,说明一个装配流程结束,转视觉检测
                                     流程
        GoTo *LOOP1                  '继续放置下一个工件
'
   *Vtest                            '视觉竖向检测
   GoSub *Fang_XiPan                 '放置吸盘工装子程序
   GoSub *Jia_Camera                 '夹取视觉工装子程序
   GoSub *Camera_V                   '视觉竖向检测子程序
   GoSub *Fang_Camera                '放置视觉工装子程序
   GoSub *Comparison_V               '竖向视觉信息比对子程序
   If  m1=1 And m2=1 And m3=1 Then *HTEST
   GoSub *Jia_XiPan                  '夹取吸盘工装子程序
   GoSub *Rotate                     '工件角度旋转调整子程序
   GoSub *Fang_XiPan                 '放置吸盘工装子程序
'
   *HTEST                            '视觉横向检测
   If  m1=1 And m2=1 And m3=1 Then *LOOP   '3个装配台已无合格的工件盒存在
   GoSub *JiaHe_To_H                 '夹盒到横向检测台子程序
   GoSub *Jia_Camera                 '夹取视觉工装子程序
   GoSub *Camera_H                   '视觉横向检测子程序
   GoSub *Fang_Camera                '放置视觉工装子程序
   GoSub *Comparison_H               '横向视觉信息比对子程序
   If m20=1 Then *HTEST              '已作废料被扔掉
   GoSub *Jia_gai                    '取盖放盖子程序
   GoSub *Ruku                       '入库子程序
   If m7=1 Then *ChaiJie
   GoTo *HTEST
   *ChaiJie
   Mov P1
   GoSub *CIAN                       '出库拆解子程序
   End
'
'
```

'＊＊＊＊＊＊＊＊＊＊＊＊＊＊初始化处理子程序＊＊＊＊＊＊＊＊＊＊＊＊＊＊＊

*S10INIT   '初始化处理
M_Out(5)=0   '机器人等待吸取信号为0~X33
M_Out(8)=0   '输出完成复位信号为0~X36
Def Plt 1,P90,P91,P92,P93,3,3,2 '设置仓库位置,以P90为起点,以P91为终点
                                 A,以P92为终点B,以P93为对角点,行为3,
                                 列为3,同方向排列
Accel 100,100   '加速度、减速度设定
Ovrd 100   '速度设定
Loadset 1,1   '最佳加速度、减速度说明
OAdl On   '打开最佳加速度、减速度
Cnt 0
Clr 1
TrClr 1   '清除追踪缓冲
MWAIT1=0   '清除工件等待标记
M_09#=PWK.X   '模式号码说明
If M_Run(2)=0 Then
 XRun 2,"CM1",1   '在插槽2选择程序"CM1"
 'Wait M_Run(2)=1
EndIf
Priority PRI.X,1
Priority PRI.Y,2
Return
'
'＊＊＊＊＊＊＊＊＊＊＊＊＊＊原点返回处理＊＊＊＊＊＊＊＊＊＊＊＊＊＊＊

*S90HOME
HOpen 1
HOpen 2
'M_Out(5)=0   '机器人空闲等待状态为0 X33
P90CURR=P_Fbc(1)   '获得当位置
If P90CURR.Z<P1.Z Then   '如果当前高度在下面则归位
 Ovrd 10   '速度设定为10
 P90ESC=P90CURR   '做回避点
 P90ESC.Z=P1.Z
 Ovrd 100   '速度设定为100
EndIf
Mov P1   '移动到原点
Return

```
'*************接收PLC装配流程数据子程序****************
*RecDat_PLC
Open "COM3:" As #2                      '打开网络端口(与PLC相接的以太网端口)
Wait M_Open(2)=1
M_Out(9)=1                              '向PLC请求发12个工件的参数
Dly 0.2
Input #2,m100,m105,m110,m115,m120,m125,m130,m135,m140,m145,m150,m155   '接收12个工件
                                                                        的参数
Close #2                                '关闭网络端口
M_Out(9)=0
If  m100=0 And m105=0 And m110=0 And m115=0 Then m1=1   '1号装配台不需
                                                          要装配
If  m120=0 And m125=0 And m130=0 And m135=0 Then m2=1   '2号装配台不需
                                                          要装配
If  m140=0 And m145=0 And m150=0 And m155=0 Then m3=1   '3号装配台不需
                                                          要装配
Return
'
'*************夹取工件盒到装配台子程序****************
*Jia_He
Wait M_In(9)=1                          '取盒子信号为1 Y14
'
'取工件盒到3号装配台
If  m3=1 Then *JiaHe2                   '1号装配台不需要装配,转2号装配台
Mov P13                                 '抓手换成横向
HOpen 1
Wait  M_In(900)=1                       '等待手爪松开信号为1
Dly 0.2
Mvs P6                                  '到出盒台上方
Ovrd 20
Mvs P6+(+0.00,+0.00,-50.00,+0.00,+0.00,+0.00)
Dly 0.2
HClose 1
Wait  M_In(901)=1                       '等待手爪夹紧信号为1
Ovrd 100
Mvs P6
Dly 0.2                                 '延时
Mvs P20                                 '到1号装配台上方(横向)
```

Ovrd 20
Mvs P20+(+0.00,+0.00,-90.00,+0.00,+0.00,+0.00)
Dly 0.2
HOpen 1
Wait　M_In(900)=1　　　　　　　　　　'等待手爪松开信号为1
Dly 0.2　　　　　　　　　　　　　　　　'延时
Ovrd 100
Mvs P20
Mvs P13　　　　　　　　　　　　　　　　'过渡点
Dly 0.2　　　　　　　　　　　　　　　　'延时
Mov P12　　　　　　　　　　　　　　　　'2号工装上方位置(竖向)
Mvs P21　　　　　　　　　　　　　　　　'1号装配台上方位置(竖向)
Ovrd 20
Mvs,60
Dly 1
HClose 1
Wait　M_In(901)=1　　　　　　　　　　'等待手爪夹紧信号为1
Dly 0.2　　　　　　　　　　　　　　　　'延时
Ovrd 100
Mvs P21
Mvs P23　　　　　　　　　　　　　　　　'3号装配台上方位置(竖向)
Ovrd 20
Mvs,60
Dly 1
HOpen 1
Wait　M_In(900)=1　　　　　　　　　　'等待手爪松开信号为1
Dly 1
Ovrd 100
Mvs P23
Mvs P12
*JiaHe2　　　　　　　　　　　　　　　　'取工件盒到2号装配台
If　m2=1 Then *JiaHe3　　　　　　　　'2号装配台不需要装配,转3号装配台
Mov P13　　　　　　　　　　　　　　　　'抓手换成横向
HOpen 1
Wait M_In(900)=1　　　　　　　　　　　'等待手爪松开信号为1
Dly 0.2
Wait　M_In(9)=1　　　　　　　　　　　'取盒子信号为1 Y14
Mvs P6　　　　　　　　　　　　　　　　 '到出盒台上方
Ovrd 20

Mvs P6+(+0.00,+0.00,−50.00,+0.00,+0.00,+0.00)
Dly 0.2
HClose 1
Wait   M_In(901)=1   '等待手爪夹紧信号为1
Ovrd 100
Mvs P6
Dly 0.2
Mvs P20   '到1号装配台上方(横向)
Ovrd 20
Mvs P20+(+0.00,+0.00,−90.00,+0.00,+0.00,+0.00)
Dly 0.2
HOpen 1
Wait   M_In(900)=1   '等待手爪松开信号为1
Dly 0.2
Ovrd 100
Mvs P20
Mvs P13   '过渡点
Mov P12   '抓手换成竖向
Mvs P21   '1号装配台上方位置(竖向)
Ovrd 20
Mvs,60
Dly 0.2
HClose 1
Wait   M_In(901)=1   '等待手爪夹紧信号为1
Dly 0.2
Ovrd 100
Mvs P21
Mvs P22   '2号装配台上方位置(竖向)
Ovrd 20
Mvs,60
Dly 0.2
HOpen 1
Wait   M_In(900)=1   '等待手爪松开信号为1
Dly 0.2
Ovrd 100
Mvs P22
Mvs P12
'
'取工件盒到1号装配台

*JiaHe3
If　m1＝1 Then Return　　　　　　　　　'3 号装配台不需要装配,转 3 号装配台
Mov P13　　　　　　　　　　　　　　　'抓手换成横向
HOpen 1
Wait M_In(9)＝1　　　　　　　　　　　'取盒子信号为 1　Y14
Mvs P6　　　　　　　　　　　　　　　'到出盒台上方
Ovrd 20
Mvs P6＋(＋0.00,＋0.00,－50.00,＋0.00,＋0.00,＋0.00)
Dly 0.2
HClose 1
Wait　M_In(901)＝1　　　　　　　　　'等待手爪夹紧信号为 1
Ovrd 100
Mvs P6
Dly 0.2
Mvs P20　　　　　　　　　　　　　　'到 1 号装配台上方(横向)
Ovrd 20
Mvs　P20＋(＋0.00,＋0.00,－90.00,＋0.00,＋0.00,＋0.00)
Dly　0.2
HOpen　1
Wait　M_In(900)＝1　　　　　　　　　'等待手爪松开信号为 1
Dly　0.2
Ovrd　100
Mvs　P20
Mvs　P13　　　　　　　　　　　　　　'过渡点
Mov　P12　　　　　　　　　　　　　　'抓手换成竖向,下一个动作是夹取吸盘工装
Return
'
'
'＊＊＊＊＊＊＊＊＊＊＊＊＊夹取吸盘工装子程序＊＊＊＊＊＊＊＊＊＊＊＊＊＊＊＊
＊Jia_XiPan
Mvs P2　　　　　　　　　　　　　　　'吸盘工装正上方位置
HOpen 1
Wait　M_In(900)＝1　　　　　　　　　'等待手爪松开信号为 1
Dly 0.3　　　　　　　　　　　　　　　'延时 1 秒
Ovrd 50　　　　　　　　　　　　　　　'速度设定
Mvs P3＋(＋0.00,＋0.00,＋90.00,＋0.00,＋0.00,＋0.00)
Ovrd 20　　　　　　　　　　　　　　　'速度设定
Mvs P3　　　　　　　　　　　　　　　'吸盘工装位置
Dly 1

```
HClose 1                                '夹取视觉相机工装
Wait  M_In(901)=1                       '等待手爪夹紧信号为 1
Dly 1                                   '延时 1 秒
Ovrd 50                                 '速度设定
Mvs P2                                  '吸盘工装正上方位置
Ovrd 100                                '速度设定
Mvs P12
Return
'
'
'＊＊＊＊＊＊＊＊＊＊＊＊＊＊放置吸盘工装子程序＊＊＊＊＊＊＊＊＊＊＊＊＊＊＊
＊Fang_XiPan
Mov P12
Mvs P2                                  '吸盘工装正上方位置
Ovrd 50                                 '速度设定
Mvs P3+(+0.00,+0.00,+90.00,+0.00,+0.00,+0.00)
Ovrd 20                                 '速度设定
Mvs P3                                  '吸盘工装位置
Dly 0.5
HOpen 1
Wait  M_In(900)=1                       '等待手爪松开信号为 1
Dly 1                                   '延时 1 秒
Ovrd 50                                 '速度设定
Mvs P2                                  '吸盘工装正上方位置
Ovrd 100                                '速度设定
Mvs P12
Return
'
'
'＊＊＊＊＊＊＊＊＊＊＊＊＊工件放废料框子程序＊＊＊＊＊＊＊＊＊＊＊＊
＊FeiLiao0
Mvs P0
Accel PAC12.X,PAC12.Y                   '移动到放置位置
Cnt 1,0,0
Mvs PFL1+(+0.00,+0.00,+80.00,+0.00,+0.00,+0.00)
HOpen 2                                 '吸取关
Dly 0.5                                 '释放确认
M_Out(5)=0                              '机器人等待吸取信号为 0～X33
m13=0
```

```
Mvs P0
GoTo *Goon
'
'*****************工件放置子程序*********************
*S30WKPUT
Mvs P111
    M_Out(5)=0                              '机器人等待吸取信号为0～X33
Mov P12
    Accel PAC12.X,PAC12.Y                   '移动到放置位置
Cnt 1,0,0
'Mvs PPT
Ovrd 40
    Mvs PPT0                                '放料移动到目标位置(根据 m10 的值决定)
    Mvs,30                                  '下降
    HOpen 2                                 '吸取关
    Dly 0.5                                 '释放确认
Ovrd 100
Mvs,－35
Mov P12
Mov P111
Return
'
'***************夹取视觉相机工装子程序*****************
*Jia_Camera
    Mvs P4                                  '视觉相机工装正上方位置
HOpen 1
    Wait M_In(900)=1                        '等待手爪松开信号为1
    Dly 0.5                                 '延时
    Ovrd 20                                 '速度设定
    Mvs P5                                  '视觉相机工装位置
Dly 0.5
    HClose 1                                '夹取视觉相机工装
    Wait  M_In(901)=1                       '等待手爪夹紧信号为1
    Dly 0.5                                 '延时
Ovrd 50
    Mvs P4                                  '视觉相机工装正上方位置
Mvs P12
    Ovrd 100                                '速度设定
Return
```

'
'＊＊＊＊＊＊＊＊＊＊＊＊＊放置视觉相机工装子程序＊＊＊＊＊＊＊＊＊＊＊＊＊＊
＊Fang_Camera
 Mvs P4   '视觉相机工装正上方位置
 Dly 0.5
 Ovrd 20   '速度设定
 Mvs P5+(+0.00,+0.00,+90.00,+0.00,+0.00,+0.00)
 Ovrd 10   '速度设定
 Mvs P5   '视觉相机工装位置
 Dly 0.5
 HOpen 1   '夹取视觉相机工装
 Wait M_In(900)=1   '等待手爪松开信号为1
 Dly 0.5
 Ovrd 50   '速度设定
 Mvs P4   '视觉相机工装正上方位置
 Ovrd 100   '速度设定
 Mvs P12
 Return
'
'
'＊＊＊＊＊＊＊＊＊＊＊＊＊视觉竖向检测子程序＊＊＊＊＊＊＊＊＊＊＊＊＊＊
＊Camera_V
'
'检测1号装配台
 If m1=1 Then ＊Camera_V2   '1号装配台不需要装配,转2号装配台
 M_Out(13)=0   '输出拍照信号为清零
 Open "COM2:" As #1
 Wait M_Open(1)=1
 Ovrd 30   '速度设定
 Mvs PV10   '1号台1号工位
 Dly 1
 M_Out(13)=1   '输出拍照信号为1,触发一次拍照
 Dly 0.5
 Input #1,m200,m201,m202   '数据1为编号,数据2为颜色,数据3为角度
 Close #1
 M_Out(13)=0   '输出拍照信号清零
'
 Dly 0.5
 Open "COM2:" As #1

```
Wait M_Open(1)=1
Mvs PV11                              '1号台2号工位
Dly 1
M_Out(13)=1                           '输出拍照信号为1,触发一次拍照
Dly 0.5
Input #1,m205,m206,m207
Close #1
M_Out(13)=0                           '输出拍照信号清零
'
Dly 0.5
Open "COM2:" As #1
Wait M_Open(1)=1
Mvs PV12                              '1号台3号工位
Dly 1
M_Out(13)=1                           '输出拍照信号为1,触发一次拍照
Dly 0.5
Input #1,m210,m211,m212
Close #1
M_Out(13)=0                           '输出拍照信号清零
'
Dly 0.5
Open "COM2:" As #1
Wait M_Open(1)=1
Mvs PV13                              '1号台4号工位
Dly 1
M_Out(13)=1                           '输出拍照信号为1,触发一次拍照
Dly 0.5
Input #1,m215,m216,m217
Close #1
M_Out(13)=0                           '输出拍照信号清零
'
'*********************
'检测2号装配台
 *Camera_V2
M_Out(13)=0                           '输出拍照信号清零
If   m2=1 Then *Camera_V3             '2号装配台不需要装配,转3号装配台
Dly 0.5
Open "COM2:" As #1
Wait M_Open(1)=1
```

```
Mvs PV20                          '2号台1号工位
Dly 1
M_Out(13)=1                       '输出拍照信号为1,触发一次拍照
Dly 0.5
Input #1,m220,m221,m222
Close #1
M_Out(13)=0                       '输出拍照信号清零
'
Dly 0.5
Open "COM2:" As #1
Wait M_Open(1)=1
Mvs PV21                          '2号台2号工位
Dly 1
M_Out(13)=1                       '输出拍照信号为1,触发一次拍照
Dly 0.5
Input #1,m225,m226,m227
Close #1
M_Out(13)=0                       '输出拍照信号清零
'
Dly 0.5
Open "COM2:" As #1
Wait M_Open(1)=1
Mvs PV22                          '2号台3号工位
Dly 1
M_Out(13)=1                       '输出拍照信号为1,触发一次拍照
Dly 0.5
Input #1,m230,m231,m232
Close #1
M_Out(13)=0                       '输出拍照信号清零
'
Dly 0.5
Open "COM2:" As #1
Wait M_Open(1)=1
Mvs PV23                          '2号台4号工位
Dly 1
M_Out(13)=1                       '输出拍照信号为1,触发一次拍照
Dly 0.5
Input #1,m235,m236,m237
Close #1
```

M_Out(13)=0   '输出拍照信号清零
'
'＊＊＊＊＊＊＊＊＊＊＊＊＊＊＊＊＊＊＊
'检测 3 号装配台
*Camera_V3
If   m3＝1 Then Return   '3 号装配台不需要装配,返回
M_Out(13)=0   '输出拍照信号清零
Dly 0.5
Open "COM2:" As ♯1
Wait M_Open(1)=1
Mvs PV30   '3 号台 1 号工位
Dly 1
M_Out(13)=1   '输出拍照信号为 1,触发一次拍照
Dly 0.5
Input ♯1,m240,m241,m242
Close ♯1
M_Out(13)=0   '输出拍照信号清零
'
Dly 0.5
Open "COM2:" As ♯1
Wait M_Open(1)=1
Mvs PV31   '3 号台 2 号工位
Dly 1
M_Out(13)=1   '输出拍照信号为 1,触发一次拍照
Dly 0.5
Input ♯1,m245,m246,m247
Close ♯1
M_Out(13)=0   '输出拍照信号清零
'
Dly 0.5
Open "COM2:" As ♯1
Wait M_Open(1)=1
Mvs PV32   '3 号台 3 号工位
Dly 1
M_Out(13)=1   '输出拍照信号为 1,触发一次拍照
Dly 0.5
Input ♯1,m250,m251,m252
Close ♯1
M_Out(13)=0   '输出拍照信号清零

```
'
Dly 0.5
Open "COM2:" As #1
Wait M_Open(1)=1
Mvs PV33                              '3号台4号工位
Dly 1
M_Out(13)=1                           '输出拍照信号为1,触发一次拍照
Dly 0.5
Input #1,m255,m256,m257
Close #1
M_Out(13)=0                           '输出拍照信号清零
'
Return
'
'
'**************竖向视觉信息比对子程序*****************
*Comparison_V
Ovrd 100                              '速度设定
'比对1号装配台
If   m1=1 Then *next7                 '1号装配台不需要装配,转2号装配台
If   m200=m100 Mod 10 Then *next0     '判断编号是否正确:1号装配台1工位(取余数)
m1=1                                  '编号不正确,1号装配台有工件不合格置1
GoTo *FeiLiao1
*next0                                '编号正确,判断工件颜色
If   m201=m100\10+100 Then *next1     '颜色比对1号台1工位
If   m201+4=m100\10+100 Then *next1   '高工件要加4后比对
m1=1                                  '颜色不符合,标记为废料
GoTo *FeiLiao1
'
*next1
If   m205=m105 Mod 10 Then *next2     '判断编号是否正确:1号装配台2工位
m1=1
GoTo *FeiLiao1
*next2
If   m206=m105\10+100 Then *next3     '颜色比对 1号台2工位
If   m206+4=m105\10+100 Then *next3   '高工件要加4后比对
m1=1                                  '颜色不符合,标记为废料
GoTo *FeiLiao1
'
```

*next3
If　m210＝m110 Mod 10 Then　*next4　　　'判断编号是否正确:1号装配台3工位
m1＝1
GoTo　*FeiLiao1
*next4
　　If　m211＝m110\10＋100 Then　*next5　　'颜色比对1号台3工位
　　If　m211+4＝m110\10＋100　Then　*next5　'高工件要加4后比对
m1＝1　　　　　　　　　　　　　　　　　　　　'颜色不符合,标记为废料
GoTo　*FeiLiao1
'
*next5
If　m215＝m115 Mod 10 Then　*next6　　　'判断编号是否正确:1号装配台4工位
m1＝1
GoTo　*FeiLiao1
*next6
　　If　m216＝m115\10＋100 Then　*next7　　'颜色比对1号台4工位
　　If　m216+4＝m115\10＋100 Then　*next7　'高工件要加4后比对
m1＝1　　　　　　　　　　　　　　　　　　　　'颜色不符合,标记为废料
GoTo　*FeiLiao1
'
'＊＊＊＊＊＊＊＊＊＊＊＊＊＊＊＊＊
'比对2号装配台
*next7
If　m2＝1 Then　*next15　　　　　　　　　'2号装配台不需要装配,转3号装配台
If　m220＝m120 Mod 10 Then　*next8　　　'判断编号是否正确:2号装配台1工位
m2＝1　　　　　　　　　　　　　　　　　　　　'编号不正确,2号装配台有工件不合格置1
GoTo　*FeiLiao2
*next8　　　　　　　　　　　　　　　　　　　　'编号正确,判断工件颜色
　　If　m221＝m120\10＋100 Then　*next9　　'颜色比对2号台1工位
　　If　m221+4＝m120\10＋100 Then　*next9　'高工件要加4后比对
m2＝1　　　　　　　　　　　　　　　　　　　　'颜色不符合,标记为废料
GoTo　*FeiLiao2
'
*next9
If　m225＝m125 Mod 10 Then　*next10　　　'判断编号是否正确:2号装配台2工位
m2＝1　　　　　　　　　　　　　　　　　　　　'编号不正确,2号装配台有工件不合格置1
GoTo　*FeiLiao2
*next10　　　　　　　　　　　　　　　　　　　'编号正确,判断工件颜色
　　If　m226＝m125\10＋100 Then　*next11　　'颜色比对2号台2工位

```
If   m226+4=m125\10+100 Then  * next11    '高工件要加 4 后比对
m2=1                                       '颜色不符合,标记为废料
GoTo  * FeiLiao2
'
* next11
If   m230=m130 Mod 10 Then  * next12       '判断编号是否正确:2 号装配台 3 工位
m2=1                                       '编号不正确,2 号装配台有工件不合格置 1
GoTo  * FeiLiao2
* next12                                   '编号正确,判断工件颜色
If   m231=m130\10+100 Then  * next13       '颜色比对 2 号台 3 工位
If   m231+4=m130\10+100 Then  * next13     '高工件要加 4 后比对
m2=1                                       '颜色不符合,标记为废料
GoTo  * FeiLiao2
'
* next13
If   m235=m135 Mod 10 Then  * next14       '判断编号是否正确:2 号装配台 4 工位
m2=1                                       '编号不正确,2 号装配台有工件不合格置 1
GoTo  * FeiLiao2
* next14                                   '编号正确,判断工件颜色
If   m236=m135\10+100 Then  * next15       '颜色比对 2 号台 4 工位
If   m236+4=m135\10+100 Then  * next15     '高工件要加 4 后比对
m2=1                                       '颜色不符合,标记为废料
GoTo  * FeiLiao2
'
'* * * * * * * * * * * * * * * * *
'比对 3 号装配台
* next15
If   m3=1 Then Return                      '3 号装配台不需要装配,返回
If   m240=m140 Mod 10 Then  * next16       '判断编号是否正确:3 号装配台 1 工位
m3=1                                       '编号不正确,3 号装配台有工件不合格置 1
GoTo  * FeiLiao3
* next16                                   '编号正确,判断工件颜色
If   m241=m140\10+100 Then  * next17       '颜色比对 3 号台 1 工位
If   m241+4=m140\10+100 Then  * next17     '高工件要加 4 后比对
m3=1                                       '颜色不符合,标记为废料
GoTo  * FeiLiao3
'
* next17
If   m245=m145 Mod 10 Then  * next18       '判断编号是否正确:3 号装配台 2 工位
```

```
    m3=1                                          '编号不正确,3号装配台有工件不合格置1
    GoTo *FeiLiao3
  *next18                                         '编号正确,判断工件颜色
    If  m246=m145\10+100 Then *next19             '颜色比对3号台2工位
    If  m246+4=m145\10+100 Then *next19           '高工件要加4后比对
    m3=1                                          '颜色不符合,标记为废料
    GoTo *FeiLiao3
'
  *next19
    If  m250=m150 Mod 10 Then *next20             '判断编号是否正确:3号装配台3工位
    m3=1                                          '编号不正确,3号装配台有工件不合格置1
    GoTo *FeiLiao3
  *next20                                         '编号正确,判断工件颜色
    If  m251=m150\10+100 Then *next21             '颜色比对3号台3工位
    If  m251+4=m150\10+100 Then *next21           '高工件要加4后比对
    m3=1                                          '颜色不符合,标记为废料
    GoTo *FeiLiao3
'
  *next21
    If  m250=m150 Mod 10 Then *next22             '判断编号是否正确:3号装配台4工位
    m3=1                                          '编号不正确,3号装配台有工件不合格置1
    GoTo *FeiLiao3
  *next22                                         '编号正确,判断工件颜色
    If  m256=m155\10+100 Then Return              '颜色比对3号台4工位
    If  m256+4=m155\10+100 Then Return            '高工件要加4后比对
    m3=1                                          '颜色不符合,标记为废料
    GoTo *FeiLiao3
'
'
  *FeiLiao1
    Mov P12                                       '抓手换成竖向
    Mvs P21                                       '1号装配台上方位置(竖向)
    Ovrd 50
    Mvs,60
    Dly 1
    HClose 1
    Wait  M_In(901)=1                             '等待手爪夹紧信号为1
    Dly 1                                         '延时1秒
    Mvs P21
```

```
    Mvs P12
    Mov P111
    Mvs P0
    Mvs PFL1
    Mvs,50
    Dly 1
    HOpen 1
    Wait   M_In(900)=1              '等待手爪松开信号为1
    Dly 1
    Ovrd 100
    Mvs PFL1
    Mvs P0
    Mvs P111
    Mov P12
    m1=1
GoTo *next7
'
*FeiLiao2
    Mov P12                         '抓手换成竖向
    Mvs P22                         '2号装配台上方位置(竖向)
    Ovrd 50
Mvs,60
    Dly 1
    HClose 1
    Wait   M_In(901)=1              '等待手爪夹紧信号为1
    Dly 1                           '延时1秒
    Mvs P22
    Mvs P12
    Mov P111
    Mvs P0
    Mvs PFL2
    Mvs,50
    Dly 1
    HOpen 1
    Wait   M_In(900)=1              '等待手爪松开信号为1
    Dly 1
    Ovrd 100
    Mvs PFL2
    Mvs P0
```

```
        m2=1
        Mvs P111
        Mov P12
    GoTo *next15
'
    *FeiLiao3
        Mov P12                              '抓手换成竖向
        Mvs P23                              '3号装配台上方位置(竖向)
        Ovrd 50
        Mvs,60
        Dly 1
        HClose 1
        Wait  M_In(901)=1                    '等待手爪夹紧信号为1
        Dly 1                                '延时1秒
        Mvs P23
        Mvs P12
        Mov P111
        Mvs P0
        Mvs PFL3
        Mvs,50
        Dly 1
        HOpen 1
        Wait  M_In(900)=1                    '等待手爪松开信号为1
        Dly 1
        Ovrd 100
        Mvs PFL3
        Mvs P0
        Mvs P111
        Mov P12
        m3=1
    Return
'
'
'
'***************工件角度旋转调整子程序***************
    *Rotate
'调整1号装配台
'***************调整1号装配台1号工件***************
    If  m1=1 Then *next33                    '1号装配台不需要调整,转2号装配台
```

If Abs(m202)<5 Then *next30	'偏差小于5度则不调整
If m202>179 Then m202=179	
If m202<-179 Then m202=-179	
Mvs PPT11	'到1号装配台1号工件上方
Mvs,45	'下降
HClose 2	'吸取开
Dly 0.5	'释放确认
Mvs,-23	'抬升
J1=(+0.00,+0.00,+0.00,+0.00,+0.00,+0.00)	
J1.J6=Rad(m202)	'将角度转换为弧度代入
J2=J_Curr-J1	'取当前所在位置
Mov J2	'旋转
PPT0=P_Curr+(+0.00,+0.00,+15.00,+0.00,+0.00,+0.00)	
Mvs,2	'下降
HOpen 2	'吸取关
Dly 1	'释放确认
Mvs,-35	'抬升
Dly 0.5	

'

'************调整1号装配台2号工件****************
*next30

If Abs(m207)<5 Then *next31	'偏差小于5度则不调整
If m207>179 Then m207=179	
If m207<-179 Then m207=-179	
Mvs PPT12	'到1号装配台2号工件上方
Mvs,45	'下降
HClose 2	'吸取开
Dly 0.5	'释放确认
Mvs,-23	'抬升
J1=(+0.00,+0.00,+0.00,+0.00,+0.00,+0.00)	
J1.J6=Rad(m207)	'将角度转换为弧度代入
J2=J_Curr-J1	'取当前所在位置
Mov J2	'旋转
PPT0=P_Curr+(+0.00,+0.00,+15.00,+0.00,+0.00,+0.00)	
Mvs,2	'下降
HOpen 2	'吸取关
Dly 1	'释放确认
Mvs,-35	'抬升
Dly 0.5	

'＊＊＊＊＊＊＊＊＊＊＊＊＊调整1号装配台3号工件＊＊＊＊＊＊＊＊＊＊＊＊

*next31

    If   Abs(m212)＜5 Then ＊next32   '偏差小于5度则不调整

    If   m212＞179 Then m212＝179

    If   m212＜－179 Then m212＝－179

    Mvs PPT13   '到1号装配台3号工件上方

    Mvs,45   '下降

    HClose 2   '吸取开

    Dly 0.5   '释放确认

    Mvs,－23   '抬升

    J1＝(＋0.00,＋0.00,＋0.00,＋0.00,＋0.00,＋0.00)

    J1.J6＝Rad(m212)   '将角度转换为弧度代入

    J2＝J_Curr－J1   '取当前所在位置

    Mov J2   '旋转

    PPT0＝P_Curr＋(＋0.00,＋0.00,＋15.00,＋0.00,＋0.00,＋0.00)

    Mvs,2   '下降

    HOpen 2   '吸取关

    Dly 1   '释放确认

    Mvs,－35   '抬升

    Dly 0.5

'

'＊＊＊＊＊＊＊＊＊＊＊＊＊调整1号装配台4号工件＊＊＊＊＊＊＊＊＊＊＊＊

*next32

    If   Abs(m217)＜5 Then ＊next33   '偏差小于5度则不调整

    If   m217＞179 Then m217＝179

    If   m217＜－179 Then m217＝－179

    Mvs PPT14   '到1号装配台4号工件上方

    Mvs,45   '下降

    HClose 2   '吸取开

    Dly 0.5   '释放确认

    Mvs,－23   '抬升

    J1＝(＋0.00,＋0.00,＋0.00,＋0.00,＋0.00,＋0.00)

    J1.J6＝Rad(m217)   '将角度转换为弧度代入

    J2＝J_Curr－J1   '取当前所在位置

    Mov J2   '旋转

    PPT0＝P_Curr＋(＋0.00,＋0.00,＋15.00,＋0.00,＋0.00,＋0.00)

    Mvs,2   '下降

    HOpen 2   '吸取关

Dly 1   '释放确认
Mvs,－35   '抬升
Dly 0.5
'
'调整 2 号装配台

*next33
'＊＊＊＊＊＊＊＊＊＊＊＊＊调整 2 号装配台 1 号工件＊＊＊＊＊＊＊＊＊＊＊＊＊＊
  If m2＝1 Then ＊next37   '2 号装配台不需要调整,转 3 号装配台
  If Abs(m222)＜5 Then ＊next34   '偏差小于 5 度则不调整
  If m222＞179 Then m222＝179
  If m222＜－179 Then m222＝－179
Mvs PPT21   '到 2 号装配台 1 号工件上方
Mvs,45   '下降
HClose 2   '吸取开
Dly 0.5   '释放确认
Mvs,－23   '抬升
J1＝(＋0.00,＋0.00,＋0.00,＋0.00,＋0.00,＋0.00)
J1.J6＝Rad(m222)   '将角度转换为弧度代入
J2＝J_Curr-J1   '取当前所在位置
Mov J2   '旋转
PPT0＝P_Curr＋(＋0.00,＋0.00,＋15.00,＋0.00,＋0.00,＋0.00)
Mvs,2   '下降
HOpen 2   '吸取关
Dly 1   '释放确认
Mvs,－35   '抬升
Dly 0.5
'
'＊＊＊＊＊＊＊＊＊＊＊＊＊调整 2 号装配台 2 号工件＊＊＊＊＊＊＊＊＊＊＊＊＊＊
*next34
  If Abs(m227)＜5 Then ＊next35   '偏差小于 5 度则不调整
  If m227＞179 Then m227＝179
  If m227＜－179 Then m227＝－179
Mvs PPT22   '到 2 号装配台 2 号工件上方
Mvs,45   '下降
HClose 2   '吸取开
Dly 0.5   '释放确认
Mvs,－23   '抬升
J1＝(＋0.00,＋0.00,＋0.00,＋0.00,＋0.00,＋0.00)
J1.J6＝Rad(m227)   '将角度转换为弧度代入

J2=J_Curr-J1   '取当前所在位置
Mov J2   '旋转
PPT0=P_Curr+(+0.00,+0.00,+15.00,+0.00,+0.00,+0.00)
Mvs,2   '下降
HOpen 2   '吸取关
Dly 1   '释放确认
Mvs,-35   '抬升
Dly 0.5

'
'＊＊＊＊＊＊＊＊＊＊＊＊＊＊调整2号装配台3号工件＊＊＊＊＊＊＊＊＊＊＊＊＊＊
＊next35
If Abs(m232)<5 Then ＊next36   '偏差小于5度则不调整
If m232>179 Then m232=179
If m232<-179 Then m232=-179
Mvs PPT23   '到2号装配台3号工件上方
Mvs,45   '下降
HClose 2   '吸取开
Dly 0.5   '释放确认
Mvs,-23   '抬升
J1=(+0.00,+0.00,+0.00,+0.00,+0.00,+0.00)
J1.J6=Rad(m232)   '将角度转换为弧度代入
J2=J_Curr-J1   '取当前所在位置
Mov J2   '旋转
PPT0=P_Curr+(+0.00,+0.00,+15.00,+0.00,+0.00,+0.00)
Mvs,2   '下降
HOpen 2   '吸取关
Dly 1   '释放确认
Mvs,-35   '抬升
Dly 0.5

'
'＊＊＊＊＊＊＊＊＊＊＊＊＊＊调整2号装配台4号工件＊＊＊＊＊＊＊＊＊＊＊＊＊＊
＊next36
If Abs(m237)<5 Then ＊next37   '偏差小于5度则不调整
If m237>179 Then m237=179
If m237<-179 Then m237=-179
Mvs PPT24   '到2号装配台4号工件上方
Mvs,45   '下降
HClose 2   '吸取开
Dly 0.5   '释放确认

```
Mvs,-23                                         '抬升
J1=(+0.00,+0.00,+0.00,+0.00,+0.00,+0.00)
J1.J6=Rad(m237)                                 '将角度转换为弧度代入
J2=J_Curr-J1                                    '取当前所在位置
Mov J2                                          '旋转
PPT0=P_Curr+(+0.00,+0.00,+15.00,+0.00,+0.00,+0.00)
Mvs,2                                           '下降
HOpen 2                                         '吸取关
Dly 1                                           '释放确认
Mvs,-35                                         '抬升
Dly 0.5
'
'调整 3 号装配台
*next37
'************调整 3 号装配台 1 号工件*****************
    If   m3=1 Then Return                       '3 号装配台不需要调整,返回
    If   Abs(m242)<5 Then  *next38              '偏差小于 5 度则不调整
    If   m242>179 Then m242=179
    If   m242<-179 Then m242=-179
Mvs PPT31                                       '到 3 号装配台 1 号工件上方
Mvs,45                                          '下降
HClose 2                                        '吸取开
Dly 0.5                                         '释放确认
Mvs,-23                                         '抬升
J1=(+0.00,+0.00,+0.00,+0.00,+0.00,+0.00)
J1.J6=Rad(m242)                                 '将角度转换为弧度代入
J2=J_Curr-J1                                    '取当前所在位置
Mov J2                                          '旋转
PPT0=P_Curr+(+0.00,+0.00,+15.00,+0.00,+0.00,+0.00)
Mvs,2                                           '下降
HOpen 2                                         '吸取关
Dly 1                                           '释放确认
Mvs,-35                                         '抬升
Dly 0.5
'
'************调整 3 号装配台 2 号工件*****************
*next38
    If   Abs(m247)<5 Then  *next39              '偏差小于 5 度则不调整
    If   m247>179 Then m247=179
```

If　m247＜－179 Then m247＝－179
Mvs PPT32   '到3号装配台2号工件上方
Mvs,45   '下降
HClose 2   '吸取开
Dly 0.5   '释放确认
Mvs,－23   '抬升
J1=(+0.00,+0.00,+0.00,+0.00,+0.00,+0.00)
J1.J6=Rad(m247)   '将角度转换为弧度代入
J2=J_Curr-J1   '取当前所在位置
Mov J2   '旋转
PPT0=P_Curr+(+0.00,+0.00,+15.00,+0.00,+0.00,+0.00)
Mvs,2   '下降
HOpen 2   '吸取关
Dly 1   '释放确认
Mvs,－35   '抬升
Dly 0.5
'
'＊＊＊＊＊＊＊＊＊＊＊＊＊＊调整3号装配台3号工件＊＊＊＊＊＊＊＊＊＊＊＊＊＊
＊next39
If　Abs(m252)＜5 Then ＊next40   '偏差小于5度则不调整
If　m252＞179 Then m252＝179
If　m252＜－179 Then m252＝－179
Mvs PPT33   '到3号装配台3号工件上方
Mvs,45   '下降
HClose 2   '吸取开
Dly 0.5   '释放确认
Mvs,－23   '抬升
J1=(+0.00,+0.00,+0.00,+0.00,+0.00,+0.00)
J1.J6=Rad(m252)   '将角度转换为弧度代入
J2=J_Curr-J1   '取当前所在位置
Mov J2   '旋转
PPT0=P_Curr+(+0.00,+0.00,+15.00,+0.00,+0.00,+0.00)
Mvs,2   '下降
HOpen 2   '吸取关
Dly 1   '释放确认
Mvs,－35   '抬升
Dly 0.5
'

项目八　工业机器人与智能视觉系统应用综合训练

'＊＊＊＊＊＊＊＊＊＊＊＊＊调整3号装配台4号工件＊＊＊＊＊＊＊＊＊＊＊＊＊
＊next40
 If Abs(m257)<5 Then Return   '偏差小于5度则不调整
 If m257>179 Then m257=179
 If m257<－179 Then m257=－179
 Mvs PPT34   '到3号装配台4号工件上方
 Mvs,45   '下降
 HClose 2   '吸取开
 Dly 0.5   '释放确认
 Mvs,－23   '抬升
 J1=(＋0.00,＋0.00,＋0.00,＋0.00,＋0.00,＋0.00)
 J1.J6=Rad(m257)   '将角度转换为弧度代入
 J2=J_Curr-J1   '取当前所在位置
 Mov J2   '旋转
 PPT0=P_Curr+(＋0.00,＋0.00,＋15.00,＋0.00,＋0.00,＋0.00)
 Mvs,2   '下降
 HOpen 2   '吸取关
 Dly 1   '释放确认
 Mvs,－35   '抬升
 Return
''
'＊＊＊＊＊＊＊＊＊＊＊＊＊夹盒到横向检测台子程序＊＊＊＊＊＊＊＊＊＊＊＊＊
＊JiaHe_To_H
 If m1=1 Then ＊JiaHe2_To_H   '1号装配台已无合格的工件盒存在,转2号装配台
 Mvs P12
 Mov P13   '抓手换成横向
 HOpen 1
 Wait M_In(900)=1   '等待手爪松开信号为1
 Dly 0.5   '延时
 Mvs P20   '到1号装配台上方(横向)
 Ovrd 20
 Mvs P20+(＋0.00,＋0.00,－94.00,＋0.00,＋0.00,＋0.00)
 Dly 0.5
 HClose 1
 Wait M_In(901)=1   '等待手爪夹紧信号为1
 Ovrd 50
 Mvs P20   '到1号装配台上方(横向)
 Mvs P13   '过渡

```
'Ovrd 20
Mvs PH1                              '到横向检测台上方
Dly 0.3
Mvs PH1+(+0.00,+0.00,-27.00,+0.00,+0.00,+0.00)
Dly 0.3
HOpen 1
Wait   M_In(900)=1                   '等待手爪松开信号为1
Dly 0.3
Mvs PH1                              '到横向检测台上方
HClose 1
Wait   M_In(901)=1                   '等待手爪夹紧信号为1
Ovrd 100
Mvs P13                              '抓手横向
m20=1                                '表明正在对1号装配台上的工作盒进行操作
m1=1
Mov P12                              '抓手换成竖向,下一个动作是抓相机
Return
'
*JiaHe2_To_H
If   m2=1 Then *JiaHe3_To_H          '2号装配台已无合格的工件盒存在,转3号装
                                      配台
Mov P12                              '抓手换成竖向
HOpen 1
Wait   M_In(900)=1                   '等待手爪松开信号为1
Dly 0.3                              '延时
Mvs P22                              '2号装配台上方位置(竖向)
Dly 0.5
Mvs,60                               '下降
Dly 0.5
HClose 1
Wait   M_In(901)=1                   '等待手爪夹紧信号为1
Dly 0.5                              '延时
Ovrd 50
Mvs P22                              '抬升
Mvs P21                              '将2号装配台的工件盒抓到1号装配台
Dly 0.5
Ovrd 20
Mvs,60                               '下降
Dly 0.5
```

```
HOpen 1
Wait  M_In(900)=1                    '等待手爪松开信号为1
Dly 0.5                              '延时
Ovrd 100
Mvs P21                              '抬升
Mvs P12
Mov P13                              '抓手换成横向
Mvs P20                              '到1号装配台上方(横向)
Ovrd 20
Mvs P20+(+0.00,+0.00,-93.00,+0.00,+0.00,+0.00)
Dly 0.3
HClose 1
Wait  M_In(901)=1                    '等待手爪夹紧信号为1
Ovrd 100
Mvs P20                              '到1号装配台上方(横向)
Mvs P13                              '过渡
'Ovrd 20
Mvs PH1                              '到横向检测台上方
Dly 0.3
Mvs PH1+(+0.00,+0.00,-27.00,+0.00,+0.00,+0.00)
Dly 0.3
HOpen 1
Wait  M_In(900)=1                    '等待手爪松开信号为1
Dly 0.3                              '延时1秒
Mvs PH1                              '到横向检测台上方
HClose 1
Wait  M_In(901)=1                    '等待手爪夹紧信号为1
Ovrd 100
Mvs P13                              '
m20=2                                '表明正在对2好装配台上的工作盒进行操作
m2=1
Mov P12                              '抓手换成竖向,下一个动作是抓相机
Return
'
  *JiaHe3_To_H
Mov P12                              '抓手换成竖向
HOpen 1
Wait  M_In(900)=1                    '等待手爪松开信号为1
Dly 0.3                              '延时
```

Mvs P23	'3号装配台上方位置(竖向)
Dly 0.5	
Ovrd 20	
Mvs,60	'下降
Dly 0.5	
HClose 1	
Wait M_In(901)=1	'等待手爪夹紧信号为1
Dly 0.5	'延时1
Ovrd 100	
Mvs P23	'抬升
Mvs P21	'将3号装配台的工件盒抓到1号装配台
Dly 0.5	
Ovrd 20	
Mvs,60	'下降
Dly 0.3	
HOpen 1	
Wait M_In(900)=1	'等待手爪松开信号为1
Dly 0.3	'延时
Ovrd 100	
Mvs P21	'抬升
Mvs P12	
Mov P13	'抓手换成横向
Mvs P20	'到1号装配台上方(横向)
Mvs P20+(+0.00,+0.00,−93.00,+0.00,+0.00,+0.00)	
Dly 0.3	
HClose 1	
Wait M_In(901)=1	'等待手爪夹紧信号为1
Mvs P20	'到1号装配台上方(横向)
Mvs P13	'过渡
'Ovrd 20	
Mvs PH1	'到横向检测台上方
Dly 0.3	
Mvs PH1+(+0.00,+0.00,−27.00,+0.00,+0.00,+0.00)	
Dly 0.3	
HOpen 1	
Wait M_In(900)=1	'等待手爪松开信号为1
Dly 0.3	'延时1秒
Mvs PH1	'到横向检测台上方
HClose 1	

```
Wait   M_In(901)=1                          '等待手爪夹紧信号为1
Ovrd 100
Mvs P13                                     '
m20=3                                       '表明正在对3好装配台上的工作盒进行操作
m3=1
Mov P12                                     '抓手换成竖向,下一个动作是抓相机
Return
'
'**************视觉横向检测子程序****************
*Camera_H
M_Out(13)=0                                 '输出拍照信号为清零
Open "COM2:" As #1
Wait M_Open(1)=1
Ovrd 50
Mov P13                                     '抓手换成横向,下一个动作是横向拍照
Mvs PV40                                    '横向拍照位置
Dly 1
M_Out(13)=1                                 '输出拍照信号为1,触发一次拍照
Dly 2
Input #1,m200,m201,m202,m203                '数据1为编号、数据2为颜色、数据3为角度、数据4为高度
Close #1
M_Out(13)=0                                 '输出拍照信号清零
Dly 1
Ovrd 70
Mvs P13
Mov P12                                     '抓手换成竖向,下一个动作是放相机
Ovrd 100
Return
'
'**************横向视觉信息比对子程序****************
*Comparison_H
Mov P13
HClose 1
Wait   M_In(901)=1                          '等待手爪夹紧信号为1
Ovrd 50
Mvs PH1                                     '到横向检测台上方
HOpen 1
Wait   M_In(900)=1                          '等待手爪松开信号为1
```

Dly 0.3
Mvs PH1+(+0.00,+0.00,−30.00,+0.00,+0.00,+0.00)
Dly 0.3
HClose 1
Wait　M_In(901)=1　　　　　　　　　　　'等待手爪夹紧信号为1
Dly 0.3
Mvs PH1　　　　　　　　　　　　　　　　'到横向检测台上方
Ovrd 80
Mvs P13　　　　　　　　　　　　　　　　'抓手横向
Mvs P20　　　　　　　　　　　　　　　　'到1号装配台上方（横向）
Ovrd 20
Mvs P20+(+0.00,+0.00,−95.00,+0.00,+0.00,+0.00)
Dly 0.3
HOpen 1
Wait　M_In(900)=1　　　　　　　　　　　'等待手爪松开信号为1
Dly 0.3
Ovrd 100
Mvs P20
Mvs P13　　　　　　　　　　　　　　　　'抓手横向
m21=0
m22=0
　　Select m20　　　　　　　　　　　　　'判断是哪个工件盒
　　　Case　1　　　　　　　　　　　　　'1号台工件盒
　　　　　If ((m100\10＞4) Or (m110\10＞4)) Then m21=1
　　　　　If ((m105\10＞4) Or (m115\10＞4)) Then m22=1
　　　　　Break
　　　Case　2　　　　　　　　　　　　　'2号台工件盒
　　　　　If ((m120\10＞4) Or (m130\10＞4)) Then m21=1
　　　　　If ((m125\10＞4) Or (m135\10＞4)) Then m22=1
　　　　　Break
　　　Case　3　　　　　　　　　　　　　'3号台工件盒
　　　　　If ((m140\10＞4) Or (m150\10＞4)) Then m21=1
　　　　　If ((m145\10＞4) Or (m155\10＞4)) Then m22=1
　　　　　Break
　　End Select
m20=m21+m22*2
If m203<>m20 Then *FeiLiao4
m20=0　　　　　　　　　　　　　　　　　'合格,下一步要加盖后入库
Return

'
*FeiLiao4
　　Mov P12　　　　　　　　　　　　'抓手换成竖向
　　Mvs P21　　　　　　　　　　　　'1号装配台上方位置(竖向)
　　Mvs,60
　　Dly 0.3
　　HClose 1
　　Wait　M_In(901)=1　　　　　　　'等待手爪夹紧信号为1
　　Dly 0.5　　　　　　　　　　　　'延时
　　Mvs P21
　　Mvs P12
　　Mov P111
　　Mvs P0
　　Mvs PFL1
　　Dly 0.5
　　HOpen 1
　　Wait　M_In(900)=1　　　　　　　'等待手爪松开信号为1
　　Dly 0.5
　　Mvs P0
　　Mvs P111
　　Mov P12
m20=1
Return
'
'*************取盖放盖子程序*****************
*Jia_gai
Wait M_In(6)=1　　　　　　　　　　'取盖子信号为1 Y11
Ovrd 100
Mov P13　　　　　　　　　　　　　　'抓手换成横向
Mvs P7
Ovrd 20
Mvs P7+(+0.00,+0.00,-49.00,+0.00,+0.00,+0.00)
Dly 0.5　　　　　　　　　　　　　　'延时
HClose 1　　　　　　　　　　　　　　'夹紧盖子
Wait　M_In(901)=1　　　　　　　　　'等待手爪夹紧信号为1
M_Out(7)=1　　　　　　　　　　　　'输出夹紧盖子完成信号为1 X35
Dly 0.5　　　　　　　　　　　　　　'延时
M_Out(7)=0　　　　　　　　　　　　'输出夹紧盖子完成信号为0 X35
Ovrd 50

Mvs P7+(+0.00,+0.00,+100.00,+0.00,+0.00,+0.00)   '抬高
Mvs P20+(+0.00,+0.00,+100.00,+0.00,+0.00,+0.00)
Ovrd 20
Mvs P20+(+0.00,+0.00,-68.00,+0.00,+0.00,+0.00)
HOpen 1   '放松盖子
Wait   M_In(900)=1   '等待手爪放松信号为1
Dly 0.5
Return
'
'＊＊＊＊＊＊＊＊＊＊＊＊＊＊＊入库子程序＊＊＊＊＊＊＊＊＊＊＊＊＊＊＊＊
＊Ruku
Mvs P20+(+0.00,+0.00,-93.00,+0.00,+0.00,+0.00)
Dly 0.5
HClose 1   '夹紧盒子
Wait   M_In(901)=1
Dly 0.5
Mvs P20
Ovrd 50
Mvs P13
Mov P81
Mov P8   '移动到仓库与安装位置中间
＊MOVE   '程序段
If m5=10 Then ＊MOV2   '仓库已满,当废料扔了
P10=(Plt 1,m5)   '设定P10为当前仓库位置
Mvs P10+(+30.00,+0.00,+0.00,+0.00,
+0.00,+0.00)   '移动到仓库左检测是否有工件在。
Dly 0.5
If M_In(902)=1 Then ＊MOV1   '如果前方仓库已经有料
Mvs P10   '移动到仓库正前方
Dly 0.2   '延时0.5秒
Ovrd 50   '运行速度调整为50%
Mvs,120   '向前伸进110
Dly 0.2   '延时0.5秒
HOpen 1   '手爪1松开
Wait   M_In(900)=1   '等手爪1张开
Dly 0.2   '延时0.2秒
Ovrd 100   '运行速度调整为100%
Mvs,-120   '退出120mm
Mvs P8   '运行到入库等待位置
m5=m5+1   '仓库位置加1

```
    If  m5=10  And  m1=1  And  m2=1  And  m3=1  Then  m7=1    '仓库满而且装配台无工
                                                               件盒转到出库程序段
Mov P81
Mov P12
Return
'
    *MOV1                                   '子程序
    m5=m5+1                                 '仓库编号加 1
        If m5=10 Then *MOV2                 '仓库已满,当废料扔了
        GoTo  *MOVE                         '入库工作未完成则继续去下一个库位
'
    *MOV2
        Mvs P8
        Ovrd 50
        Mov PFL4                            '仓库已满,当废料扔了
        HOpen 1
        Wait   M_In(900)=1                  '等待手爪松开信号为 1
        Dly 0.3
        Mov P8                              '运行到入库等待位置
    If  m1=1 And m2=1 And m3=1 Then m7=1    '仓库满而且装配台无工件盒转到出库程序段
        Ovrd 100                            '运行速度调整为 100%
        Mov P81
        Mov P12
        m5=7
Return
```

三、考核报告单

1. 实训报告

操作结束后,学生按要求,结合实训心得体会,写出实训报告(详细记录实训全过程),特别要注意下面几个内容:

(1) 设置参数后要重启控制器;

(2) 编程的语法和逻辑;

(3) 调试程序前先设置运行位置点。

2. 成绩评定

由指导教师根据学生的完成硬件制作的情况及调试结果并结合学生实训中的表现和实训报告评定成绩。

任务三 智能视觉系统调试

一、任务要求

1. 掌握智能视觉控制器参数设置;

2. 熟悉智能视觉流程编辑。

二、智能视觉控制器参数设置

1. 视觉控制器启动设定、网络参数设置

(1) 视觉控制器启动设定

进入系统后的主界面如图 8-19 所示。

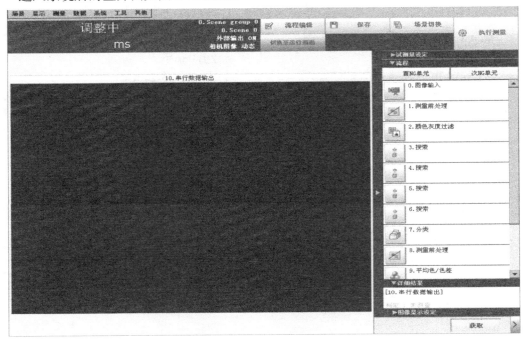

图 8-19 视觉系统主界面

在主界面左上角系统菜单栏上单击"系统"菜单,选择"控制器"→"启动设定"命令,如图 8-20 所示,进入启动设定对话框。启动设定对话框中有两个选项卡,分别为"一般"和"通

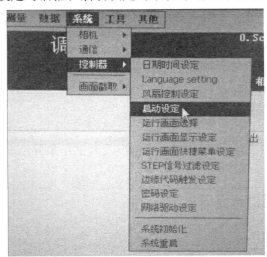

图 8-20 "启动设定"命令

信模块"。其中,"一般"选项卡为设定内容,如图 8-21 所示为默认设置;"通信模块"选项卡的设定内容如图 8-22 所示,主要更改以太网的方式为"无协议 TCP"方式。

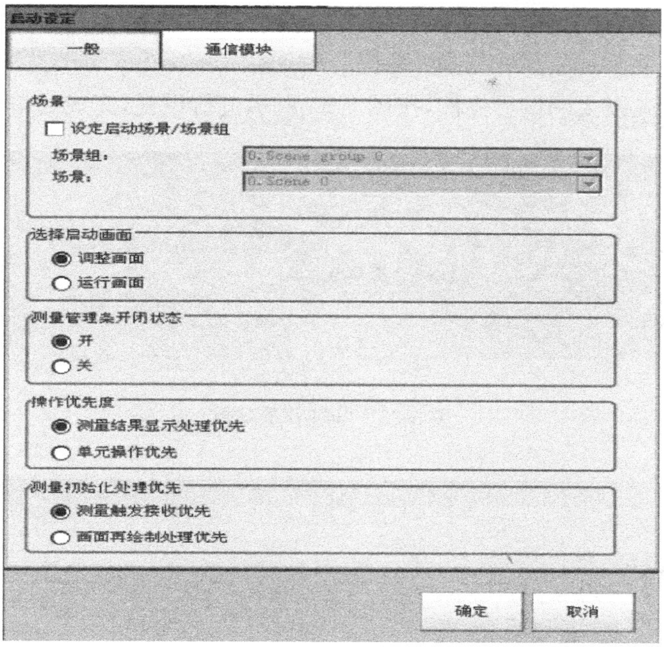

图 8-21 启动设定对话框"一般"选项选项卡

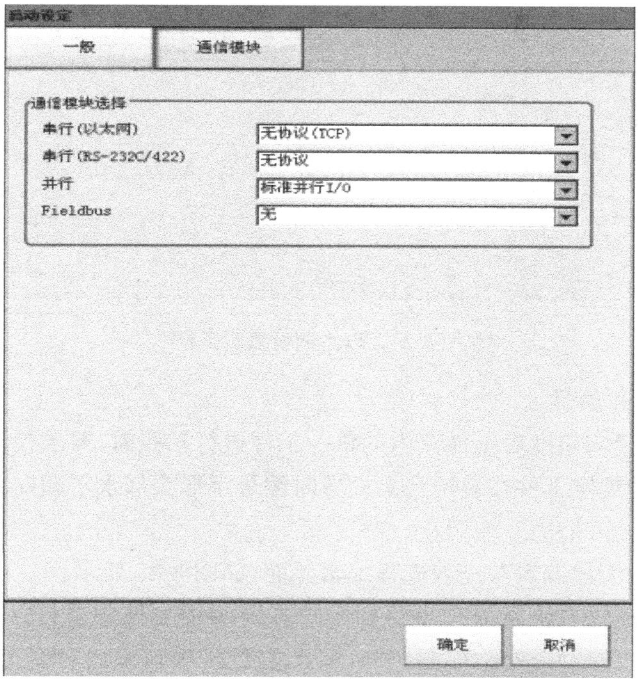

图 8-22 启动设定对话框"通信模块"选项卡

设定完成后单击"确认"按钮。完成这个步骤之后,应该重启一次系统,其操作为选择主界面中"系统"→"控制器"→"系统重启"命令。注:重启前应单击"保存"按钮保存。

(2) 网络参数设置

系统重启后在主界面左上角选择"系统"→"通信"→"Etherenet:无协议(TCP)"命令,如图8-23所示,进入以太网设置界面,按图8-24所示进行设置,完成后单击"确认"按钮。

图8-23 "通信"子菜单

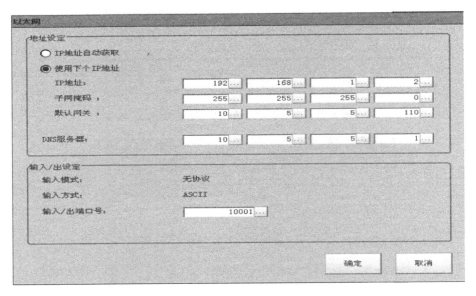

图8-24 以太网设置对话框

2. 图像摄取流程编辑

视觉传感器以竖向角度对工件盒内的单一工件进行拍照时,要求检测该工件的编号、颜色和偏差角度,此处规定工件在装配台上放置时编号字形头部水平朝向右边为零度(基准角度)。

在主界面单击"流程编辑",进入流程编辑界面,如图8-25所示。

在流程编辑界面的右侧从处理项目树中选择要添加的处理项目。选中要处理的项目后,单击"追加(最下部分)"按钮,如图8-26所示,将处理项目添加到单元列表中。本书按设备的功能要求使用了1个"分类"、2个"扫描边缘位置"和1个"串行数据输出"。

项目八 工业机器人与智能视觉系统应用综合训练

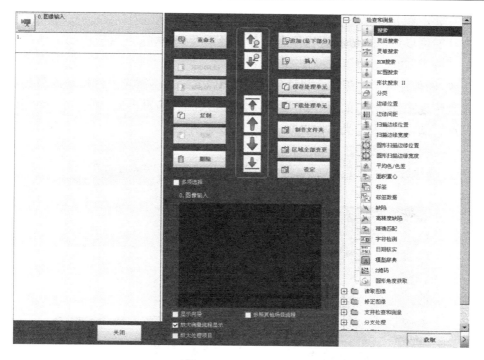

图 8-25 流程编辑界面

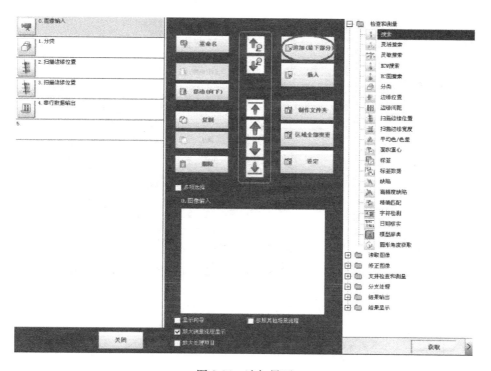

图 8-26 追加界面

(1) 编辑分类功能

分类功能可以对传送带上的物体进行分类处理及识别,这里用于检测工件的编号、颜色、角度。"分类"功能流程编辑操作如下。

第一步:图像输入。先返回主界面(单击"关闭"按钮),将被测工件按基准位置放置,相机实时采集到该工件图像,如图 8-27 所示,再次进入流程编辑界面,单击图 8-26 所示显示左边的"分类"图标,进入分类属性界面,如图 8-28 所示。

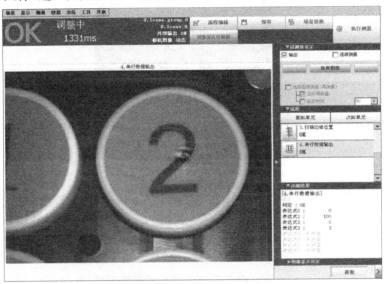

图 8-27　面图像输入界面

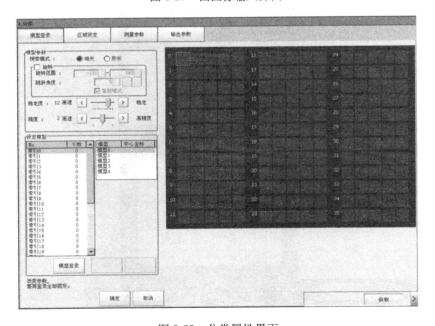

图 8-28　分类属性界面

第二步：模型登录。在分类属性界面，先进入的是"模型登录"选项卡界面。在右边表格中选择要输入图像的位置（如图 8-28 所示，选择了 0—0 的位置），再单击"模型登录"按钮。进入后单击左侧圆圈，调整此圆圈的位置和大小，使其可以将工件上的编号整个包含，但尽量要小一些，如图 8-29 所示。

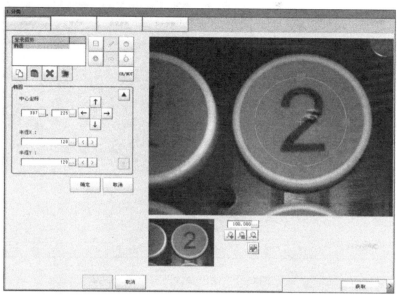

图 8-29　模型设置界面

第三步：测量参数设定。在分类属性界面，单击"测量参数"标签，进入该选项卡界面。将相似度的值更改为 90~100，其他项目为默认值，如图 8-30 所示。

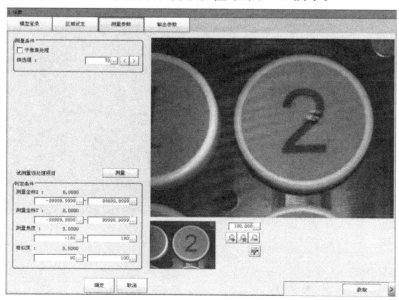

图 8-30　测量参数设定界面

第四步：输出参数设定。在分类属性界面，单击"输出参数"标签，进入该选项卡界页面。将综合判定显示设置为关，其他项目为默认值，如图8-31所示。

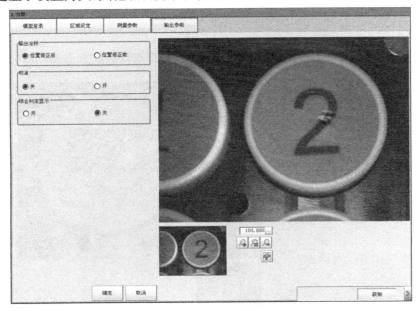

图 8-31　输出参数设定界面

第五步：设置模型参数。单击"确认"按钮回到流程编辑界面。模型参数设置：选中"旋转"复选框，"稳定度"调节游标移动到最左侧（高速），"精度"调节游标移动到最左侧（高速），其他为默认。同样方法将全部模型的编辑完成，最后单击"确定"按钮后返回，如图8-32所示。

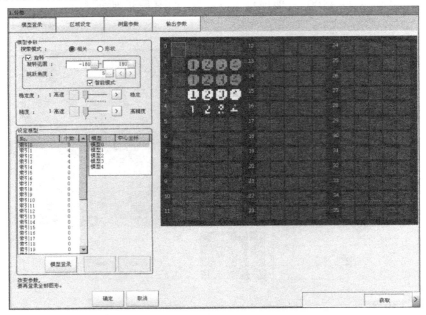

图 8-32　分类设置完成界面

(2) 编辑扫描边缘位置功能

扫描边缘位置功能可以对物体的边缘位置进行检测,这里用于检测工件的高度。扫描边缘位置功能流程编辑操作如下。

第一步:图像输入。先返回主界面将被测工件按水平位置放置,相机实时采集到该工件图像后,如图 8-33 所示。再次进入流程编辑界面,单击图 8-26 所示界面左边的"2.扫描边缘位置"图标,进入扫描边缘位置界面,如图 8-34 所示。

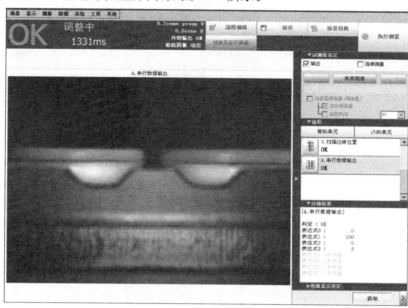

图 8-33 主界面图像输入

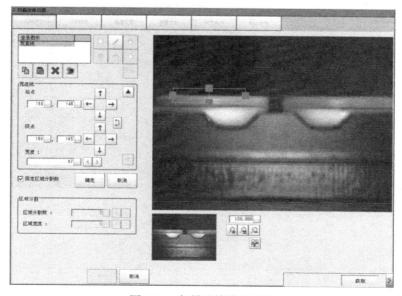

图 8-34 扫描边缘位置界面

第二步：编辑区域设定。进入第一个选项卡"区域设定"界面，选择长方形测量位置，箭头向下，圈住测量边缘（这里是工件的顶端平面形成的边缘），完成后单击"确认"按钮，如图8-34所示。然后在左下方设定区域将分割数设置为15，如图8-35所示。

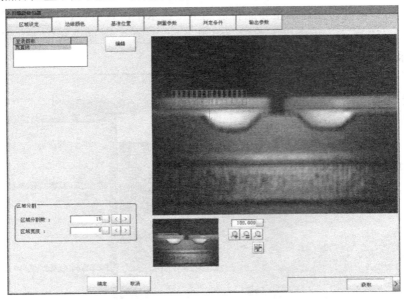

图 8-35　设定区域割分数

第三步：边缘颜色设定。进入第二个选项卡"边缘颜色"界面，勾选"边缘颜色指定"复选框，颜色设置为白色，如图8-36所示。

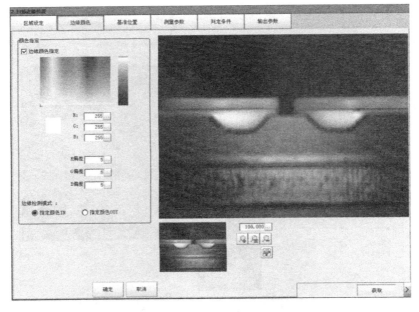

图 8-36　设定边缘颜色

第四步:测量参数设定。进入第四个选项卡"测量参数"界面。将左上角"显示区域"的区域编号1到15设置一遍,默认全为有效,认为无效应将"有效区域"复选框处于未选中状态。区域编号有效与否,要看当前段的"+"符号所在的位置是否与工件的边缘重合,如重合则认为"有效",不重合则认为"无效"。其他选项不用设置,如图8-37所示。

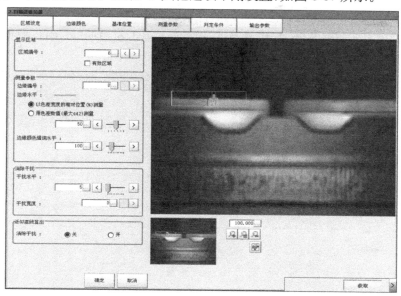

图8-37　设定测量参数

第五步:输出参数设定。进入第六个选项卡"输出参数"界面。将综合判定显示关闭,完成后单击"确认"按钮回到流程编辑界面,如图8-38所示。

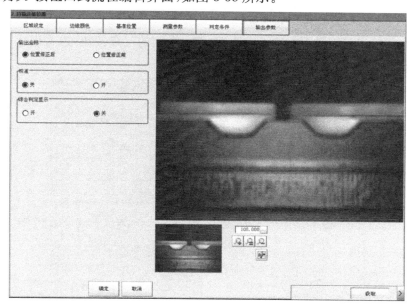

图8-38　设定输出参数

第六步：使用同样的方法，编辑右边的工件，即单击图8-26所示界面左边的"3.扫描边缘位置"图标进行相应的设置。

3. 数据输出表达式编辑

(1) 串行数据输出表达式

视觉控制器通过以太网与工业机器人的控制器进行通信，此处要使用串行方式进行编辑数据输出表达式。如图8-26所示，流程编辑界面下单击左边的"4.串行数据输出"图标，进入串行数据输出界面，如图8-39所示。

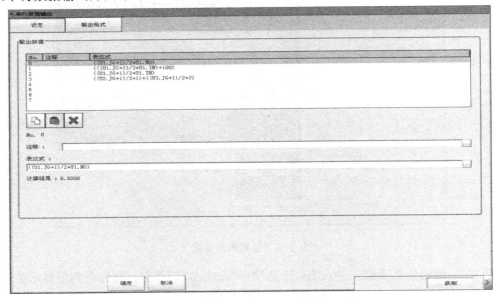

图8-39 串行数据输出界面

在串行数据输出界面最下方输入表达式，单击右侧的三点按钮，进入表达式设定界面，在表达式设定界面选择相应的项目，如图8-40所示。

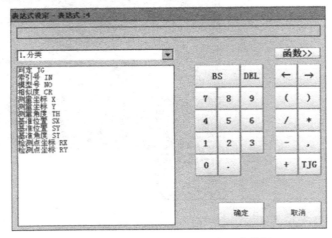

图8-40 串行数据输出——表达式编辑

说明:U1,U2,U3 指示前面流程编辑的功能单元,如 U1 指的是分类。JG 指本项功能判定的结果,成功则值为+1,不成功则值为-1。

本例表达式定义为:表达式 0 为编号,表达式 1 为颜色,表达式 2 为角度,表达式 3 为高矮。

- 表达式 0:((U1.JG+1)/2 * U1.N0)

说明:判定成功输出模型号为 1~4;判定不成功输出为 0。

- 表达式 1:((U1.JG+1)/2 * U1.IN+100)

说明:判定成功输出索引号加 100,索引号为 101~104;判定不成功输出为 0。

- 表达式 2:((U1.JG+1)/2 * U1.TH)

说明:判定成功输出角度值为-180~+180;判定不成功输出为 0。

- 表达式 3:((U2.JG+1)/2 * 1)+(U3.JG+1)/2 * 2)

说明:判定成功输出高度标志值,左边为高(输出为 1),右边为高(输出为 2),左、右两边为高(输出为 3),判定不成功输出输出为 0。

(2) 数据输出格式设置

进入串行数据输出"输出格式"界面,如图 8-41 所示。数据输出通信方式为以太网,输出形式为 ASCII,整数位为 10,小数位为 0,其他按默认,设定完成后单击"确定"按钮返回。

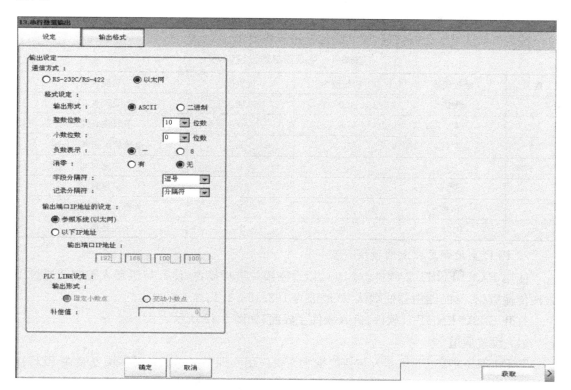

图 8-41 设定输出格式

一、考核报告单

1. 实训报告

操作结束后,学生按要求,结合实训心得体会,写出实训报告(详细记录实训全过程),特别要注意下面几个内容:

(1) 设置参数后要重启控制器。

(2) 图像摄取前要调整好相机的位置和镜头的焦距,使图像清晰,且刚好在显示屏中间位置,圆形四周到显示屏之间留有约 5~10mm 的距离。

(3) 编辑图像摄取流程时要及时保存当前操作。

2. 成绩评定

由指导教师根据学生的完成硬件制作的情况及调试结果并结合学生实训中的表现和实训报告评定成绩。

任务四 工业机器人与智能视觉系统自动生产线整体运行调试

一、任务要求

1. 掌握 PLC 对常用输入输出接口的编程与控制;
2. 掌握 PLC 对工业机器人的控制。

二、任务介绍

1. 完成变频器的参数设置

按表 8-4 设置变频器参数,使其满足输送流程要求。

表 8-4 变频器参数设置说明

序号	参数代号	初始值	设置值	功能说明
1	P1	120	50	上限频率(Hz)
2	P2	0	0	下限频率(Hz)
3	P3	50	50	电机额定频率(Hz)
4	P7	5	2	加速时间
5	P8	5	1	减速时间
6	P79	0	3	外部运行模式选择
7	P178	60	60	正转指令

2. PLC 主控制器以太网模块设置

使用 FX3U-ENET-L 软件,对 PLC 以太网模块进行设置,使其与机器人控制器通过以太网传输数据。注:路由器的默认 IP 地址为 192.168.1.1。

打开 FX3U-ENET-L 软件,进入软件主界面,如图 8-42 所示。

(1) 设置通道

THMSRB-3 型工业机器人与智能视觉系统应用实训平台的以太网模块安装在 PLC 接口总线的第 2 个位置,因此,总线通道应设置为 1(第 1 个位置为模拟量模块,通道为 0)。单击 "Ethernet Module setting" 下第一行右边三角形图标,选择 "Module 1"。

项目八　工业机器人与智能视觉系统应用综合训练

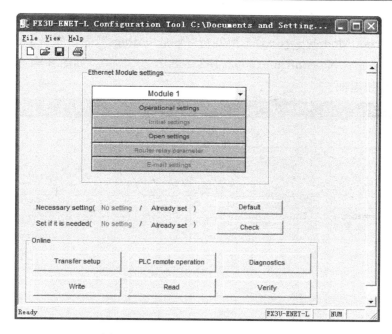

图 8-42　FX3U-ENET-L 软件主界面

（2）操作设置

单击"Ethernet Module setting"下第二行"Operstional settings"，选择 ASCII code、Always wait OPEN、Ethernet（V2.0）、Use the Ping，IP address 设置为 192.168.1.9，如图 8-43 所示。设置完成后单击"End"按钮返回。

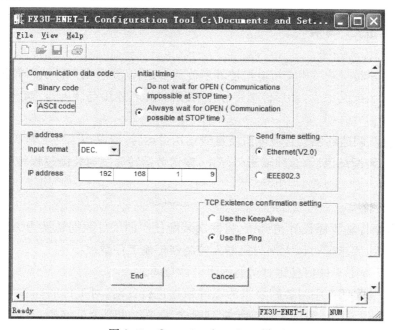

图 8-43　Operstional settings 界面

· 217 ·

(3) 方式设置

单击"Ethernet Module setting"下第四行"Open settings",表格序号 1 所在行依次选择 TCP、Active、Receive、No confirm、10002、192.168.1.20、10002,如图 8-44 所示。设置完成后单击"End"按钮返回。

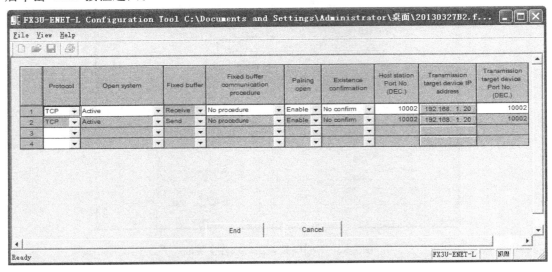

图 8-44　Open settings 界面

(4) 下载设置内容

在图 8-42 所示 FX3U-ENET-L 软件主界面中,单击"Write"按钮,下载当前设置内容到以太网模块中。

3. PLC 程序设计与调试

(1) 推料与传送控制

◆ 控制变频器驱动三相交流电机使环形传送带运转,要求当工件从料筒推出时环形传送带启动,工件装配结束后,环形传送带停止,传送带运转速度与装配过程相匹配(使工件装配流畅不停滞)。

◆ 控制直流调速器驱动直流电机使直线输送带运转,要求当工件从料筒推出时直线输送带启动,工件装配结束后,直线输送带停止,输送带运转速度与装配过程相匹配(使机器人跟踪吸取可靠)。

(2) 数据传输

以太网数据传输程序设计与调试,将两次装配任务的工件数据转换为 ASCII 码数据并传国输给机器人,要求通过以太网与机器人控制器传输工件数据。

(3) 装配任务中工件信息比对功能程序设计与调试

◆ 第一次装配任务中与装配要求的工件数据进行比对,对工件的标签信息进行判别,应区分出工件是否适用,适用工件应装配到哪个工件盒的哪个工件槽,不适用工件应如何处置。

◆ 应记录装配过程,重复工件不装配,装配是否为最后一个。
◆ 控制机器人进行分拣、装配。

4. 系统整体运行调试,使各动作运转流畅

① 调整调压过滤阀气压大小为 0.4MPa;

② 调节各汽缸的速度控制阀,使汽缸动作合适(物料推出不停顿、不越位)。

5. 参考程序

参见本书配套教学资源,可在华信教育资源网站(www.hxedu.com.cn)下载。

三、考核报告单

1. 实训报告

操作结束后,学生按要求,结合实训心得体会,写出实训报告(详细记录实训全过程),特别要注意下面几个内容:

(1) 机器人操作权的控制。

(2) 工件推出的间隔、传送带的运动速度及机器人运行速度的匹配。

(3) 以太网数据通信时数据的编码的拆分与合并、ASCII 码转换。

2. 成绩评定

由指导教师根据学生的完成硬件制作的情况及调试结果并结合学生实训中的表现和实训报告评定成绩。

参 考 文 献

1　芮延年主编．机器人技术及应用．北京：化学工业出版社，2008
2　李团结主编．机器人技术．北京：电子工业出版社，2009
3　郭洪红主编．工业机器人技术．西安：西安电子科技大学出版社，2006
4　郑笑红、唐道武主编．工业机器人技术及应用．北京：煤炭工业出版社，2004
5　王淦昌主编．机器人．成都：四川教育出版社，1991
6　林尚扬、陈善本等编著．焊接机器人及其应用．北京：机械工业出版社，2000